负责任创新（RRI）译丛

译丛主编：陈凡　副主编：曹东溟　姜小慧

卷三

From Ethical Review to
Responsible Research and Innovation

从伦理审查到
负责任研究与创新

【法】

索菲亚·佩乐　伯纳德·雷伯

Sophie Pellé　　Bernard Reber

著

陈佳

译

辽宁人民出版社

版权合同登记号06-2020年第98号

图书在版编目（CIP）数据

从伦理审查到负责任研究与创新 /（法）索菲亚·佩乐（Sophie Pellé），
（法）伯纳德·雷伯（Bernard Reber）著；陈佳译. —沈阳：辽宁人民出版社，2023.1
（负责任创新（RRI）译丛 / 陈凡主编）

书名原文：From Ethical Review to Responsible Research and Innovation by
Sophie Pellé and Bernard Reber, ISBN 9781848219151

ISBN 978-7-205-10562-4

Ⅰ.①从… Ⅱ.①索… ②伯… ③陈… Ⅲ.①技术革新—伦理学—研究
Ⅳ.①B82-057

中国版本图书馆 CIP 数据核字（2022）第 165925 号

出版发行：辽宁人民出版社
　　　　　地址：沈阳市和平区十一纬路 25 号　邮编：110003
　　　　　电话：024-23284321（邮　购）　024-23284324（发行部）
　　　　　传真：024-23284191（发行部）　024-23284304（办公室）
　　　　　http://www.lnpph.com.cn
印　　刷：辽宁新华印务有限公司
幅面尺寸：145mm×210mm
印　　张：7.25
字　　数：166千字
出版时间：2023 年 1 月第 1 版
印刷时间：2023 年 1 月第 1 次印刷
责任编辑：阎伟萍　孙　雯
装帧设计：留白文化
责任校对：耿　珺
书　　号：ISBN 978-7-205-10562-4
定　　价：68.00元

序　言

　　本系列丛书的第三卷将继续介绍负责任研究与创新（RRI）的研究工作，本卷会通过多个方面与前两卷区分开来。首先，本卷将分析多个案例，如欧洲某研究机构成立专门的项目研究组，围绕着"是否赞成脑科学方面的研究"进行立项研究。主要是因为脑科学研究从学术界到民众都饱受争议，为此对项目组进行综合性评估。于是该项目组招募126名欧洲居民进行问卷调查。其次，本卷将通过哲学视角（包括政治哲学视角和伦理哲学视角），对当前以负责任研究与创新方法完成的研究工作进行最综合的介绍①。其中，在负责任研究与创新领域内，GREAT②项目被认

---

① 在本书的多个章节，尤其是第3、4章和第5章前半部分，作者将会在负责任创新管理项目框架内，撰写更加成熟的报告。参阅http://www.great-project.eu/consortium/The%20Project/about-short，2015年12月10日。此项目是由欧盟第七版框架计划（研究、技术开发和改良计划，合同编号321480）资助的。我们在此要感谢此项目的所有成员，尤其是罗伯特·詹尼（Robert Gianni）和菲利普·古戎（Philippe Goujon）。我们从文森特·布洛克（Vincent Blok）和维克多·朔尔滕（Victor Scholten）对本书第4章第2部分的富有启发的评论中获益良多。菲利普·巴尔迪（Philippe Bardy）协助我们起草了上述报告。我们还要感谢帕梅拉·戈里尼（Pamela Gorini），作为欧盟的项目经理，他帮助我们校正了本书第1章。我们在此还特别感谢初审本书的维吉尔·克里斯蒂安·勒努瓦（Virgil Cristian Lenoir），以及申请公开负责任创新管理项目成果，尤其是采用了本书项目成果的理查德·欧文（Richard Owen）。

② Governance for REsponsible innovATion，即"负责任创新治理"的缩写，译者注。

为是全世界理论水平最高的项目之一。该项目的主要目的是在全世界范围内推广负责任研究与创新领域的最佳实践方式，同时将提出相应的指导原则和指标。由于目前这一新概念几乎没有开展过任何哲学研究工作，因此这项研究将对人文和社会科学（HSS）工作带来积极影响。本系列丛书意在尽可能采取最宽泛的方式，吸收哲学家参与到负责任研究与创新领域的工作中来。

本卷将从分析哲学角度进行阐述，试图构架出负责任研究领域的二阶研究领域。这些研究领域已经通过各种文献进行过批判分析或辩护，且在科研政策文件中进行过综述。

本卷采用的架构模式将直接反映出"责任"概念，这也是本卷的创新之处。就像胡塞尔（Husserl）和梅洛－庞蒂（Merleau-Ponty）等著名现象学家主张的一样，需要"回归到事物本身"。然而，让人吃惊的是，实际在以往关于负责任研究与创新的研究中，几乎没有任何明确解释"责任"这个概念的工作和研究。即使有相关研究，其目标也只是在于推广这个概念。为何不对"责任"这个伦理概念更自信一点，通过这个概念来引导我们思考问题呢？

大致有两个因素导致学界忽视这些问题。第一个因素是工作分享（work sharing）问题，即对特定科学的描述是否依赖于他人对科学应该是什么的定义。"责任"并不满足于工作分享，如果它提供了局部真理的描述，它或许是一种简单的出路，还能够像社会学家雷蒙·布东（Raymond Boudon）指出的那样[REB 11a]，让相关科学免于被人文社会学科进行价值判断或规范性判断。

第二个因素是担心在选择某种"责任"伦理概念而不是概念

的过程中，显得过于武断。在道德哲学的启发下，我们可以提出至少十种不同的"责任"概念定义，且其中任何一种定义都在自己所属范畴内最为准确。选择哪种定义主要取决于具体的应用领域，以及我们所希望该研究达成的质量层次。我们甚至可以说，这些选择主要取决于克里斯蒂安·勒努瓦在本系列丛书第一卷中提出的那些条件，这就要求我们严肃考虑跨学科要求，以及所涉及领域的合理性，包括经济、政治、伦理和科学领域。

我们采用的这种多元化方法的主要优点是能够分析多个阶段的伦理理论创新。首先，我们将说明如何将责任纳入研究和创新领域中。之后，我们将分析"责任"概念的十种不同含义，其中部分含义是积极的，部分则是消极的。选择合适的定义，能够有效缓解创新和负责任之间的紧张对立。道德创新的第三个层面应该是根据具体的应用领域，将各种"责任"概念定义进行不同的组合。

其中，"趋向"责任的主要优势是无法忽视其本身的重要性，即不会被其定义成分中的其他方面所干扰或者误导。欧盟已经准确选择关注特定的负责任研究与创新支柱，并在六大支柱的基础上提出了负责任研究与创新。这方面的内容将在本书第 2 章中进行讨论。

本书的另一个创作动机是将负责任研究与创新和伦理审查（ER）联系起来。很多由欧盟资助的科研项目都强制要求进行伦理审查程序，但是关注负责任研究与创新的相关研究却从未关注这些伦理审查。这些内容可以在作为负责任研究与创新的伦理支柱框架内得到充分讨论。在本系列丛书第二卷中，罗伯特·詹尼就选择了此支柱，并将此支柱作为其他所有支柱的基础。在本卷中，我们将详细说明在研究过程中发现的重大伦理问题以及对这些问题进行判断的方法论进行概括总结。

尽管如此，我们发现这些伦理审查只有表面上是具有伦理性的。实际上，即使严格遵守着法律法规，每名受到资助的科研人员都没有对他们的选择进行回应。在法律和伦理的范围内，我们将会讨论划分不同层级伦理水平的需求，包括各种不同的道德伦理。为此，我们还将采用：多元化方法；一种理论或者一套价值观进行维护的一元论方法；基于某些规范性维度之外的相对主义论之间的第三种方法。

尽管存在这些限制条件，伦理审查和负责任研究与创新方法依然可以互相支持。通过伦理审查和负责任研究与创新相互支持的这种方式，伦理审查可以更加容易被回应，可以受到更多伦理责任资源的影响，而不再只依靠生硬的法律。当然，我们也将会看到对于责任伦理问题从来没有过的一致的看法。负责任研究与创新有着更加广阔的前景，能够提出研究政策和技术使用方面的有力质询。而伦理审查仅仅关注保护科学研究所牵涉的人员（包括科研人员）和动物，以及用于执行研究的环境和场所（通过法律规定的范围），确保其不被误用或滥用。

尽管如此，伦理审查方面已经有了非常丰富的实践经验，不仅在欧盟组织内部，在很多研究机构，我们利用了参与式技术评估（PTA）领域取得的成果。这些措施经过30多年的实验检验，已经拥有超过50种的参与流程和工具。这方面的成就自然有助于支撑负责任研究与创新的第一大支柱，即利益相关者以及/或者公众参与。PTA是一种非常先进的方法，因其可以提高评估辩论质量的标准。和伦理审查一样，在负责任研究与创新的实施过程中，PTA 也是一种可以直接纳入使用的工具方法，不需要另起炉灶重新开发。在责任权责划分后，PTA 能够提供更加稳定的结果，使实验能够获得更好的质量。根据"责任"概念不同的含义，"责任"也将会以不同的方式体现，包括在参与者的评估选择方面或者根据流程的不同阶段进行责任划分的具体机制方面。

在本书中，我们希望能够将"参与"和"审议"明确区分开来，在其他著作中这两个概念经常被混淆。我们提倡在双重审议阶段建立联系，负责从伦理的角度出发，以多元化的方式解决伦理问题；而其他群体关注参与者之间的合作流程，不论是否进行了明确的责任划分。

接下来，我们将对所有与伦理、政治和跨学科审议相关的问题进行更多的理论审查，所有这些审查都将在伦理多元主义和预防性原则的框架内进行。

伯纳德·雷伯

2016 年 4 月

目　录

绪　论

研究和创新是否应当承担相应责任？这个问题早就已经在欧洲学术界通过**负责任研究与创新（RRI）**这个概念被解释出来了。尽管如此，研究与责任看起来终究不是一个层面的东西，所以学术界对二者并没有相同的要求。这就让人很容易想到由来已久的关于知识问题和伦理问题的争论。其中，柏拉图认为科学问题比伦理问题更容易让人达成共识，夸张地说，伦理观点出现的分歧甚至可以使好友反目。二战以来，世界发生了巨大的变化：战争时期的灾难性破坏，新技术所带来的冲击，以及在公共领域中出现的带有争议色彩的宣传，都在逐渐模糊科学和伦理之间的界限。

通过仔细研究我们可以发现，研究和创新实际上已经承担了很多需要我们去解释的"责任"。但在"科学创新责任"这个概念中，新纳入的内容则以更加具有参与性（回应性）的方式去选择研究主题及其研究方法。如果对于创新而言确实如此，那么研究必须努力提高其参与性，包括确定主题和选择研究方法。

尽管如此，还存在另一种并未在负责任研究与创新这个概念反思中体现出来的责任，具体来说就是，尤其是在欧洲，在公共资金融资的项目框架内的研究伦理问题。但是，这样的概念问题是怎样突然被提出来的呢？

20 世纪以来，科技出现了前所未有的发展，但也出现了很多新问题和新挑战。气候的变迁、核能的发现、疯牛病肆虐或者转基因生物（GMO）科学的开发，都导致了欧洲民众对科学研究的不信任。转基因生物开发甚至导致了欧洲民众的反抗，这些争议和剧变让人们不得不考虑寻找"治理"科技开发的新方法。

为了指导科技开发，20 世纪 70 年代人们就已经提出了各种技术评估（TA）方案。这些方案帮助政府更好地对科学研究带来的后果进行预估，同时使民众能够更好地理解相关内容。针对相关研究成果提出伦理问题，人文社会科学研究者（HSS）有时组成专家委员会负责并给出可能答案。相关负责任机构也纷纷成立，其中包括**美国技术评估办公室**（成立于 1972 年）、**丹麦技术委员会**（成立于 1986 年）、**欧洲议会技术评估机构**（成立于 1990 年）等，这些机构的成立主要是为了给围绕新兴科技的各种挑战而召开的会议提出应对建议。类似机构在设计评估工具时基于特定专家的批判性反思，除了单纯技术评估外，相关专家还会关注之前一直忽略的伦理问题，甚至会向政府机构提出一些建议以便政府进行决策。与此同时，在专家评估的基础上，（在欧洲范围内）还组建了生物伦理委员会，尝试讨论（生物）医药学领域内的伦理问题。这些委员会的成员通常包括律师、神学家、公认教派的宗教专家以及医疗行业的从业者，这些成员试图对挣扎在人类生死边缘的复杂问题进行严肃反思。

尽管如此规避创新过程中会出现的伦理问题，可能也是由于社会科学研究者进行分析的霸权主义传统已经成为批判的目标，所以在 20 世纪 90 年代，针对原先的评估模式又产生了新的分歧，就是之前的这种评估并没有普通群体和利益共同体的参与，只是由专家及伦理委员会进行评估。分歧的重点并不在于这些评估机制能够带来伦理效力的多少，而是在于他们进行分析和评估的角度过于高高在上，完全不顾人类共同体对于技术或者研究持有何种态度。基于这种分歧，人们认为仅靠这些专家的意见将无法充分评估科学技术研究的社会接受度和伦理期望值。所以我们就可以理解为：由于伦理委员会不能充分地代表和反映社会成员的价值观和科学技术研究的社会价值体系，因此伦理委员会所提供的建议不能被认定是政府进行规范性决策的唯一支撑。

因此，最终技术评估方法本身发生了进化。伦理委员会采用了更具有参与度的方法，试图在更加民主的框架内对科学技术的研究进展进行准确的评估。例如采用参与式技术评估或者交互式技术评估等机制让社会成员参与，这样不仅能够使社会成员参与讨论，还能够对社会成员的价值观或者其他道德品性（例如：社会大众的伦理直觉以及其所依赖的原则或者标准）进行检验。在某种情况下，这种评估方法甚至还可以最终决定技术的发展方向。这种带有包容性的评估机制可以扩展决策前所依据的所有规范性要素（包括利益共同体的价值体系，而不是仅代表专家的自我利益体系），让其能够更大程度且普遍地反映不同专业领域的建议。

另外，采用包容性评估机制还有利于反映社会中科学研究者之间实际存在的价值冲突或规范性要素的差异。即便研究者对技术变迁的回应没有受到重视时，包容性评估机制还是反映出冲突或差异。包容性评估机制通过对个体的分析作出各种"估价"〔由杜威（Dewey）定义]，所以在评估的过程中可以启动冲突解决流程，因而不必考虑是否与需要完全一致。

科学技术和社会之间的这种新型"社会契约"[OWE 13]已经成为科学管理的核心，这种契约模式能够减少商业失败、公众缄默，以及环境破坏、伦理丧失或社会风险。一般来讲，这些新的管理模式能够提高经济发展的效率，从而提高科学技术的政治总体合法性、社会接受度和伦理期望值。这种演化沿着不同的方向进行，以各种形式进行技术评估：建构性技术评估、实时技术评估等，逐渐演化为价值敏感性评估（针对价值敏感性设计），之后发展为技术风险评估、技术预警方法或者新兴科学技术方法。另外，值得一提的是，除了这些参与式方法之外，还把21世纪关于基因学的争论中部分还原论者的伦理概念保留了下来，并通过伦理影响、法律影响、社会影响或问题评估（即ELSI或ELSA方法）反映出来。

综上所述，"负责任研究与创新"这个概念有着很长的理论历史和实践传统，这些理论历史和实践方式在科技管理领域内以各种方式被广为推行，而且不仅仅是由专家和决策者推动。另外还有两种理论体系，即企业社会责任（CSR）和可持续发展。尽管"负责任研究与创新"这个概念可能没有提及，但这两种理论体系同样也考虑技术发展和创新发展过程中的伦理问题和责任问题。企业社会责任为企业利益相关者提供了一组需要遵守的框架标准，即除了以追求利润为主以外，企业还须考虑其行为对社会、利益相关者及环境可能造成的影响，不仅如此，此框架中还包括需要采取的具体措施①。可持续发展这个概念将多种理论、实践和方法结合起来，达成一种共识，就是保护当前受人类生产、消费和贸易活动威胁的资源（自然、人与社会）。

基于上述参与式评估机制进路转变的基础，以更加民主的方式进行科研管理，在这个传统中，"负责任研究与创新"这个概念随之被提出〔OWE 12, OWE 13a, OWE 13b, HEL 03, GUS 06, VON 11, VON 12, VON 13, STI 12, GRU 11〕。这一新概念于 2011年5月由欧盟总理事会在布鲁塞尔的一次研讨会上首次被提出。之后不久（2011年5月23—24日），法国驻伦敦大使馆举行的一次国际会议上，对负责任研究与创新在欧洲范围内的实践方法进行了讨论。会议强调要让公众及早参与，以确保科技成果发展能够与其社会价值相匹配。

负责任研究与创新已经成为"地平线 2020"科研战略计划（H2020）的核心概念，有很多科研项目已经受到 H2020 计划的资助，这些科研项目可以加深研究"负责任研究与创新"概念和工具②。尽管"负责任研究与创新"这个概念如此被提及，目前欧盟的科研项目仍然采用伦理审查的方法，尚未正式将负责任研究与创新纳入评估过程。伦理审查实际上是指在项目审批通过之前由伦理学专家对科研项目进行自我评估和评价，该评估将围绕多个主题的伦理问题进行研究〔包括生物伦理、信息通信技术（ICT）、人体实验等〕。详细情况将在本书第 1 章中进行介绍。

---

① 关于负责任研究与创新和伦理审查之间关系的更多详细信息，请参阅〔GIA 16〕，尤其是此系列中的〔PEL 16b〕。

② 参阅 Res-AGorA 项目，"责任、伟大、考虑"，以及诸如〔COM 13〕等规定项目。

尽管偶尔可能涉及其他主题，但将欧盟当前研究项目实施所侧重的伦理审查（ER）和负责任研究与创新进行对比是本书的重点。因此，在第 1 章中，我们将详细介绍欧盟当前实施的伦理审查的具体内容。我们将会了解到，这些伦理审查与法律非常类似，因为其中包含了科研人员所必须遵守的准法律标准（即重要性级别不同的一些国家和国际法定标准）。需要注意的是，即使这其中涵盖了广泛的问题（例如关系问题，尤其是人类与环境或动物之间的伦理关系问题），但依然有很多伦理反思和伦理问题判断悬而未决，所以这些问题依然会构成伦理领域的未解难题。因此我们需要将这些问题从唯一特定的法律责任范畴扩展到伦理责任范畴，正如本书标题所示，我们的视角可以理解为负责任研究与创新。

　　第 2 章将介绍并分析由欧盟提出的两种负责任研究与创新的方法。其中一种方法是通过文献综述确定出负责任研究与创新的六个支柱；另一种方法则是负责任研究与创新的五个条件。在详细讨论这些方法及其具体内涵前，我们需要对伦理审查和负责任研究与创新的差异进行详细区分。此外，我们将在本章重点讨论所有推动者都一致认可的负责任研究与创新最重要的支柱或条件，即让利益相关者和社会公众参与到研究创新之中。与此同时，我们还发现上述支柱存在很多争议，这些争议主要来自当前对负责任研究与创新框架内参与性概念理论不充分的阐述。另外，即使通过对"社会价值"的影响进行研究以及对创新开发的具体机制进行阐释，"参与"和"审议"始终无法得到准确区分。而且评价审议流程质量的具体标准，通常会被负责任研究与创新的拥护者忽略。我们支持这一概念，并认为通过审议理论（哲学理论和社会理论）可以更好地理解负责任研究与创新和审议框架内的包容性概念。

第3章和第4章将对负责任研究与创新方法中的一些盲点进行分析，即尽管这些方法都以"责任"为中心，但没有对"责任"这个概念进行过反思。因此，当前关于负责任研究与创新的概念主要都是强调创新和研究流程必须满足和达成的条件及目标。实际上并没有深入研究并讨论"责任"的真正含义。

第3章将介绍伦理学领域的十个责任概念，并对前三个概念进行充分讨论。我们将从消极和积极两个角度对"责任"概念进行分析解释，主要是为了解释责任来自对惩罚的恐惧（例如刑事责任）。我们将通过多个实例来分析个体和集体责任之间可能存在的联系。

第4章将对"责任"的其余解释（主要是积极方面）进行详细讨论，并解释如何将其应用到负责任研究与创新的框架当中。除了积极和消极含义的对比之外，还会涉及对不同责任概念之间可能存在的联系进行反思，这将有助于负责任研究与创新的参与者解释"责任"的概念。

最后，第5章将通过多个实例对负责任研究与创新，尤其是负责任研究与创新治理机制进行考察。第一，我们将分析四个研究项目（欧洲和法国），这些项目的主题是伦理概念、治理工具、责任概念、包容性机制之间的关系，以及是否采用这些机制的讨论。这些实例能够解释责任概念和各种包容性概念的等级和质量之间的关系。第二，我们将讨论之前的两次审议实例经验，主要目的在于解释清楚适用于负责任研究与创新的方法，以及对寻求利益相关者和普通公众参与方面可能遇到的问题进行分析。

负责任研究与创新有时候会被认为是一个可达成的目标或者一种矛盾修饰的方法，这主要是由于在创新和研究领域内，经济能力的不足和技术能力的薄弱可能会迫使关于责任的真正伦理问题探讨完全无法进行。本章的目标则是阐明通过何种机制可以消除此矛盾修饰法以及怎样消除此矛盾修饰法。

在讨论核心问题之前，有必要对创新和研究再进行一定的讨论。这两种流程本身具有互补性，但从责任的角度还是可以对其进行一定的区分。实际上，这两者的时间性是不同的。在进行产品市场营销时，研究的时间相对较短，但有时候研究的时间比创新长得多。另外，研究本身进行伦理评估可能也需要很长的时间。以转基因生物为例，充分理解这些技术对环境和健康的影响所需要的时间比其生产（创新）时间长得多。除此之外，由于研究产生的影响周期较长，对其进行伦理审查的时间也会比创新长。本书将同时考虑研究和创新这两种流程。由于本书主要目的是对欧盟评估和支持研究项目的方式进行分析，因此并不会详细讨论创新流程的具体特性以及其对于责任概念的具体影响 [①]。

---

① 在未来发布的本套系列丛书中，将由泽维尔·帕维（Xavier Pavie）进一步分析此问题。

第1章 科研伦理的基本概述

1.1 | 导言

科研伦理问题可以涵盖多个种类,包括科研人员行为、科研行为成果以及科研人员或动物的预警措施。如果相关研究结果能够实质性地改变我们现在所属的社会或研究成果所处的领域,这些成果将通过新工艺或新技术的发明具体体现出来,直到获得研究结果为止。因此,我们应该根据具体研究工作选择不同的伦理概念,但这只会让问题变得更加复杂。比如说,在探讨科研人员的个人行为的过程中,尤其是在研究中和结果公布后,我们需要考虑诚信问题;在生物医学研究项目的综合评估过程中,不论受试者在这个过程中是否容易受到伤害,我们都应该采用其他伦理概念,尤其是生命伦理及其主要原则,以此来保证受试者的健康;在关注纳米技术伦理准则的使用是否良好的过程中,我们还可以进一步扩展伦理这个概念。

"负责任研究与创新"这个新概念与科研伦理之间存在一定的近似性,这个概念不仅考虑科研创新的商业价值,具体体现为:将科研过程公开给科研利益相关者,对科研成果的使用进行预测等。因此，不应该弱化科研伦理领域已经存在的成果预测，包括对科研活动的具体期待。然而实际上，在针对负责任研究与创新而开展的工作中，我们发现已经存在了很多年的伦理审查被绕开甚至被完全无视的现状。尽管如此，伦理审查已经得到了很多欧洲国家政府乃至国际法律文件的维护。

本书分析伦理审查不但具有原创性，而且也会将这个概念同负责任研究与创新进行对比，尽量使读者通过阅读本卷能够有所收获。因此，我们将详细考察伦理审查的具体条件、具体组织机构以及执行方式。之后，我们将讨论伦理审查的状态以及伦理审查与伦理之间的关系。这里的伦理审查即使只是一种受到生命伦理启发的义务伦理，但是它凌驾于伦理概念之上，并试图遵守特定的原则。接下来即将阐述的伦理含义不仅会超过局限的范围，而且还要高于这一含义的表面意义（应用伦理、道德理论以及元伦理学）。另外，我们还将论述多元化的主要规范性基础以便用于进行伦理论断。

1.2 | 伦理问题相关领域的确证

当谈及科研伦理或者更广义地遵守伦理准则时，在详细讨论伦理审查之前，我们应该确定一下所需要重点关注的具体领域。一方面，各种领域之间差别极大；另一方面，伦理审查，尤其是负责任研究与创新并不是全新的无人研究的概念。实际上，使用多种含义概念的类似规范已经存在了。这些规范之间可能出现的冲突将在本书的结论部分中进行重点讨论。这不仅是因为伦理审查这个概念很重要，而且还在于我们本就应该注意各种科研从业者遵守的具体规范，这是本分。

与任何领域的工作一样，科研也有自己的规则需要遵循。其中，可能部分规范只适用于某些具体学科，但是其他大部分规范确实适用于所有的科研工作。

例如，针对具体规范，以科学分析参与投票行为的方式，这就与工程中分析流体流动的方法有所不同。其使用的方式，用于解释结果的理论背景，分析科研目标的限制及其结构，讨论科研结果，以及其他方式都有助于科研人员识别并区分例如上述的科研工程属于哪个不同具体科学领域。

在伦理审查的普适性规范方面，在将科研成果发表于同领域期刊之前，该项目的科研人员需要通过同行审查评议。该项目成员必须努力证明自己的科研成果具有共享性和可重复性，确保该项目不存在偏差。对于这个问题，我们可以发现这些规则不仅是关于知识和科研活动可以正确实施的认识论准则，同时还是带有规范性的且主要目标是确保科研工作者预期的伦理行为。

同时，擅自篡改科研结果是会受到惩罚的。与单纯的认识论领域准则有所不同，这些准则属于规范性领域，或者是道德道义上的，或者是合法成文的。所以我们可以认为，对于科研工作而言，遵守这两种类型准则在某种程度上的后果是相同的，必须采用更加复杂更加严格的制度来确保科研人员的诚信意识[1]。

所以对于当前科研领域存在的诚信规范问题，2011 年由**欧洲科学基金会**（来自 30 个国家的 78 家科研机构）和**全欧科学院**（来自 40 个国家的 53 所科学院）联合编写了《科研诚信行为的

---

① 参阅［SUT 13］第 49 页。

欧洲准则》[①]。该准则主要是要求科研人员的研究行为必须遵守这些标准（认识论准则）和伦理准则（即诚信）。因此，科研人员也就对应着承担相应的责任。从负责任研究与创新的角度看，诚信原则的重要性就是很明显的，但实际情况并非如此，我们需要谨记这一点。

前文所述，认识论准则和规范性准则通常会联系在一起。例如，擅自篡改科研结果不但阻碍科学技术知识的进步，还会在同领域科研项目利用篡改后的科研结果开展工作后，给同行带来不利的影响。尽管如此，这两种类型的标准之间在本质上还是存在差别的。篡改结果带来的不利影响不仅限于误导同行，同时还具有欺诈成分和享用不当利益（发表在更好的期刊上，有利于职业发展等）的成分。这些行为的影响甚至会延续到科学范畴之外，例如：评估具体产品的风险时或者诸如研究气候变迁等环境现象时。

虽然本书不做详细讨论，但在这里我们需要指出，科研人员在开展工作时，不但要承担科学责任，还需要承担伦理责任，这些责任都是非常重要的。当然这点已经众所周知，所以本书不会详细讨论。然而有时，由于伦理委员会的意见都是非常表面的，因此这些责任会出现问题或者被忘记[②]。我们从很多科研机构获悉，他们正在讨论"什么是有效执行科研工作的前提条件"这个问题。

---

① 参阅 http://www.esf.org/fileadmin/Public_documents/Publications/Code_Conduct_ResearchIntegrity.pdf.

② CNRS 伦理委员会的审查意见实例参阅下列网址，在 CNRS 框架下确定了提倡科研诚信的流程 OMET，参阅：http://www.cnrs.fr/comets/spip.php?article45（2015 年 12 月 2 日查询）。

现在，让我们把目光转向科研活动中的一些外部伦理问题上。实际上，科研并不是一种封闭或者独立的工作。科研开发需要社会的支持，科研成果又会对社会产生影响。即便是不接地气的哲学家和数学家，也需要与同行之间进行学术上的沟通与交流，或者需要由社会提供他们计算的工具。而且科研领域的主要从业者是科研者，他们中的大多数是在校兼任教师的科研人员[①]，但还是存在一些其他专业人士（助理、博士或博士后学生，受过兼任教师科研人员训练的、有时候也会和科研工作密切相关的行政管理人员）。此外，在科研过程中，还需要有科研机构来为正在进行的项目提供资金，并管理科研人员。所以在理想的条件下，为防止其受到诸如经济和政治等外部因素的影响，科研必须尽可能受到保护。当然，科研本身并不能完全和这些外部因素或者说是跟整个社会完全脱离。因此，严谨考虑科研成果对社会、经济和就业机会创造影响的这种思潮变得越来越流行。在这种情况下，**责任**并不具有完全意义上的科学性，外部问题将会变得更加复杂。欧洲科研项目开始变得更关注与社会的结合度，以及是否能够向感兴趣的公众、利益相关者和政治决策者提供成果建议。

通常，相关科研成果需要协助欧洲政府制定政策。在这种情况下，新兴技术就会出现伦理问题，或者负责任研究与创新问

---

① 我们并未区分专职科研人员和兼任教学的研究人员，因为我们知道专职科研人员是很少的。即使在这种情况下，以国家科研中心（CNRS）为例，很多科研人员都兼任教学工作，尤其是人类与社会科学领域。在本书中，我们关注的重点是科研，因此只讨论科研人员，而教师的伦理要求需要由其他专家专门进行讨论。但在具体到个人的情况下，我们可以通过各种方式讨论这两种专业职业之间的相关关系。

题。如果了解了科研、科学政策和社会之间的这种紧密联系，我们就可以认为这些科研成果会永久地改变世界范围内的社会、安全、经济以及环境。科研成果及其应用，会在社会中传播并改变社会，有时候会影响数代人。通常遵守**功利主义**原则的各种形式的（政治、经济等）公共资源，在项目资金申请的过程中起到主导作用。申请人必须证明其科研成果是对社会的发展有用处的，不仅能够促进该领域的知识进步，还能够推动其他学科的发展，甚至可以投入实际使用并给社会带来经济利益。难道当前趋于一种流行的科学政策不是应该考虑将科研用于解决实际问题吗？尤其是解决就业机会和经济增长的那种问题。

对科研活动进行必要的责任划分就会衍生出两个问题。其中第一个问题涉及科研活动的上游，第二个问题涉及科研活动的下游。一方面，私人或公共资金资源不是无限的；另一方面，科研成果带来的并不是只有积极影响。除此之外，科研工作可能还会伴随有无法预期的协同效应或者有可能被这种协同效应误导。

对于第一个问题（资金）而言，通常的情况是将科研项目进行优次级排序。具体的优次级顺序通常是由科研政策或者政治本身决定的。这种优次级排序的导向标准通常与科学成果或者新技术实际可行性相关，或者与社会当前或未来将面临的重大问题或挑战有关。针对第二种情况，本书第 2 章开始将围绕"**欧洲大挑战**"科研项目进行实例分析。所以我们认为，应对这些社会和环境挑战就是第一种形式的科研责任。

对于第二个问题（科研导致的不可预期的影响和后果）而言，通常会导致对具体科研项目争议，包括科学争议和规范（伦理／法律）方面争议。这方面的典型实例包括生物医学技术、转基因生物技术、纳米技术，甚至信息和通信技术。即使这些技术都有巨大的潜力，但同时伴随着对其实际影响的担忧和怀疑，在不当使用的情况下存在造成巨大损害的风险。

另外，由于技术创新是指对现有技术的巨大突破，因此创新的程度越高，对公众伦理直觉的冲击和破坏也就越大。这种伦理直觉是个性化的，即可能只有部分人欢迎某种特定的技术，而有些人却不接受该技术。科研人员及其资助者的责任问题应运而生，但这些问题通常都具有不确定性，有时候甚至需要考虑得非常长远[①]。

1.3 ｜ 欧洲项目的伦理审查

为了规范自己所资助项目的伦理行为准则，欧盟委员会（EC）始终维持着一套间接且封闭的模式。欧盟委员会资助的项目可以分为科研和创新两类，这也与负责任研究与创新概念中的分类相吻合。这方面的典型实例就是"**创新试点的快速通道项目**"。这些会导致创新项目也必须满足适用于科研项目的要求。我们前文提到过欧盟伦理符合性准则方面的问题[②]，后文也将详细讨论此问题。但在这里必须指出，欧盟的这种伦理符合性准则的要求压制了伦理，从而几乎没有给纯粹的伦理解释和反思留下任何空间，甚至将伦理挤压到了法律之中。

---

① 相关争议、实例和制度测试参阅［REB 11］。
② 参阅：http://ec.europa.eu/research/participants/fp7documents/funding-guide/8_
horizontalissues/3_ethics_en.htm（2015 年 7 月 15 日查询）。

1.3.1　审查流程

我们现在将会详细分析伦理审查流程。即使是那些已经提交了项目的科研人员也只是了解流程的皮毛，更何况同行乃至社会公众。申请人本身也只了解伦理审查的管理模式，有的甚至只知道"**伦理审查调查问卷（ERQ）**"，对此部分欧盟官员深感遗憾。因为在申请人进行项目设计时，经常只是在撰写相关文件的最后几分钟才匆匆填写这些调查问卷。

仔细考察伦理审查的文本规定及其具体措施，充分了解伦理审查每一步的做法是非常重要的，只有这样才能够讨论并理解伦理审查的优势和局限，才能将伦理审查同负责任研究与创新进行比较。当然，这部分内容将在本书第 2 章末尾进行讨论。现在我们在这里只是简单指出：从根本上看，问题在于欧盟不具有制定伦理规则的权限［SUT 13］。实际上，很多情况下，不只是国家内部存在着伦理分歧，欧盟各成员国之间也同样存在此问题。尽管如此，作为最大的科研项目资助者之一，欧盟必须确保相关项目能够在良好的条件下执行，尤其是良好的伦理条件。我们在后文中将会看到由欧盟选定的伦理审查阶段的十个问题[①]。这些问题并不直属于上文所述的两个伦理领域（即科研诚信或者对科学政策的广义争论），我们不能把它看作简单的政治问题。首先，欧盟资助的项目不会去质疑具有优先级的研究领域，相反还支持这些领域。其次，如果真的有项目有助于解释科学或者伦理争

[①] 参阅欧盟委员会，欧洲董事会文件"研究和创新总局指导原则：如何填写伦理自我评估"，第 4.0 版，2015 年 7 月 8 日。同时参阅：http://ec.europa.eu/research/participants/data/ref/h2020/grants_manual/hi/ethics/h2020_hi_ethics-self-assess_en.pdf（2015 年 7 月 10 日查询）。

议，那么伦理审查阶段的这十类问题应该重新排序。尽管如此，这些伦理问题还是经常出现在治理科研活动方式的国际清单中[①]。

尽管伦理审查调查问卷中提到了十个问题，但实际只有九个。第十个主题的标题为"其他伦理问题"，主要是供申请人或评估方填写自己发现或者所考虑的其他所有伦理问题。因此，第十个主题就表明了该清单为一种开放式清单。

然而在实际填写中，几乎没有任何申请人或评估方会认真填写这些问题，尽管这些主题可以用作开发调查问卷的灵感来源。实际上，在各种"研究资助框架计划"中，我们将在下文详细讨论的十类问题清单已经发生了多次变化。当前我们所使用的第八版框架计划，是名为"地平线2020（Horizon 2020）"的计划，通常欧洲科研界将其简称为"H2020"。

这份清单中的主要问题涉及生物伦理，不论是从问题的说明方式到相近的要求都是这样的。诚然，近年来，诸如数据保护等，尤其是在使用计算机信息技术开发的项目领域，其比重已经开始逐渐超越生物伦理主题的比重，但还是没有实质性地改变此问题清单的本质。

这里我们可以将这十个问题概括为以下几个方面：研究针对人体细胞、动物或者其他敏感数据时，科研人员将要对什么研究对象（人还是物）开展研究？在哪里（包括在哪国）开展研究？

---

① 例如，欧盟发起了欧盟成员国、日本、加拿大甚至还有中国之间的项目融资招投标。在此过程中，必须提交证据证明欧盟和第三国的相关要求能够得到满足。在对欧盟官员的访谈中，在方案编制阶段，上述责任并不是由欧盟承担，而是由申请人承担，在必要时申请人可以和欧盟官员或者伦理审查人进行讨论。这种方式就会带来责任分担方面的问题。这方面的问题将在本书第3章第2部分中详细讨论。对于研究中国民主问题的人类与社会科学项目而言，情况可能会更加复杂。

相关研究成果被误用、滥用（例如：恐怖主义），或者投入军用会导致什么潜在后果？最后一类问题和环境保护有关，相关研究会对所牵涉的人员、国家，以及环境产生何种影响？

根据欧盟的信息，在科研项目开发的极早期阶段就需要完成此伦理问题清单。这些问题将会整合到研究协议的设计阶段内。

这里需要指出，项目从提交到完成需要经历下列阶段：（1）提交，包括自我伦理评估；（2）进行评估以确定相关项目的科学价值，并进行评分；（3）伦理审查；（4）拨款准备；（5）项目实施。

在项目周期中[①]，在文件提交的开始阶段就需要考虑这些伦理问题。首先由申请人进行自我评估。对于所有项目而言，都必须提交至少两份电子版文件，其中一份为"A部分"，这是一份约50页、分为四个部分的文件，其中包括一个伦理部分（本章第4节）和技术附件；另一份更大的文件中包括一个标题为"伦理和安全"的章节，其中伦理问题将在第5章第1节中进行论证。另外，根据H2020的规定，在"A部分"中还需要专门辟出一小节，以更加精练的方式对伦理问题进行综述。如果相关项目不需要考虑清单中列出的伦理问题，则需要在文件中进行相应的简述；如果需要考虑伦理问题，则需要进行更长的论述，以及提出解决这些问题的措施，并附上必要的文件材料。例如，在医疗研究领域内，这些文件必须由研究院的主管机构或者国家机构填写或验证。在这种情况下，科研人员并不是对科研工作伦理问题

---

① 参阅：http://ec.europa.eu/research/participants/fp7documents/funding-guide/8_horizontal-issues/3_ethics_en.htm（2015年7月15日查询）。每个项目都会发生变化，因此具体实践方式也会不同，这里只是进行综合性描述。

进行评估的唯一参与人员。

在少数情况下，申请人必须填写一份篇幅很长的开发担保文件，说明其拟采取的应对措施，以便尽可能满足伦理审查调查问卷的要求。这份文件的标题为"A部分"，其中包含有十个问题，每个问题下面又有若干小问题。填写人必须在适合的相关选项上，即在选择"是"或"否"的勾选框中进行回答。另外，还提供了一个额外的勾选框，以确保申请人充分考虑伦理审查调查问卷中的伦理问题。在出现问题的情况下，将要求其根据规定提交必要的文件材料。

在其他情况下，在伦理审查过程中，申请人需要在欧盟网站①填写调查问卷②。此问卷比"A部分"中的问题更加详细和深入，也将是本书讨论的基础。

相关文件在经过验证，确定其完整性和满足要求之后，将对科研项目的科学价值进行评估。在这个阶段，欧盟要求同时对"伦理和社会影响"③进行评估。首先是个人独立评估，之后是集体评估（远程或者当面评估）、评估方评估和同行评议④，确保能够达成共识。尽管如此，在此阶段内，讨论伦理问题的同时

---

① 我们将其简称为 WEQ。

② 参阅：https://webgate.ec.europa.eu/cas/help.html（2015 年 7 月 15 日查询）。

③ 参阅：http://ec.europa.eu/research/participants/fp7documents/funding-guide/8_horizontalissues/3_ethics_en.htm（2015 年 7 月 15 日查询）。

④ 在这里，我们无法详细介绍第三阶段的开发情况，因为在过去 15 年内发生了很多变化。首先，伦理审查人的胜任能力、来源国、是否属于学术界的差异很大，而且几乎没有可以遵循的指导原则，因此经常会在下列主题下公开争论：目标、方法和科研成果。当前，审查工作范围被限制在后两个领域中。另外，审查的主要目的在于验证项目是否满足适用的国家、国际和欧洲法律法规规定。绝大多数工作内容都是检查确认提交材料中包含的所有文件。基本上很少进行伦理方面的讨论。

还可以讨论安全问题。欧盟文件中就有预筛选和筛选规定。对于特定的项目而言，有的时候还需要举行听证会，例如由**欧洲研究委员会**（European Research Council）管理的**启动基金**（Starting Grants）项目。需要指出的一点是，欧洲研究委员会（ERC）项目的伦理审查由其单独负责，从负责所有其他科研和创新项目审查的其他部分中完全独立①。

同样，我们可以看到调查问卷中的最后一个问题基于是否必须使用人类胚胎干细胞来达成科研目标，如果是，则该项目将被提交给评估方，由其评估其科学价值，并根据前文中所述的流程进行严格的伦理审查。这个问题主要取决于关于**人类胚胎/胎儿**的第一个问题，因此无须编号，我们在本书中也没有专门将其列为第十一个主题。

1.3.2 伦理审查中评估者的工作

在项目的科学价值评估完成之后（第二阶段），将会向申请人发送通知说明其项目是否被选中，并附送评估结果。之后，将会开始进行外部伦理审查②。上述规定适用于所有项目。由于是分成若干阶段进行的，所以看起来会有点复杂。首先需要向外部评估方发送标题为"伦理评估简述"的文件，此文件将被用作外部伦理审查的基础。

文件中规定了三个阶段。第一阶段称为"伦理筛选"，主要流程是按照欧盟网站调查问卷方案，根据项目的复杂程度，以及

---

① 在该年，伦理审查都是现场进行的。五到十人组成的审查小组对项目进行评估，并联合检查文件。

② 正如前文所述，工作阶段会随项目的不同而不同。实际上，随着经验不断丰富，欧洲官员也在努力改进实践方式。

所牵涉伦理问题的性质，决定项目是否需要获得国家层面的伦理审批，还是需要进行完整的伦理审查。需要国家层面伦理审批的研究领域包括：数据保护、执行临床试验以及动物福利。需要完整伦理审查的研究领域包括：需要对人进行严重干预，使用"非人灵长动物""人体胚胎"研究，以及"人体胚胎细胞"研究。另外，可能还存在涉及研究协议、胜任能力证书或者伦理审查审批的其他要求（文件）。

第二阶段称为"完整伦理审查评估"，是否执行此阶段需要根据上文所述的情况，由欧盟负责决定。此"强制性"伦理审查由专家负责执行，专家首先进行独立的个人审查，之后开会集体讨论项目的伦理问题，并形成报告。

第三阶段称为"跟踪和审计"，由上述专家或者欧盟官员负责识别确定需要控制和跟踪的科研项目。主要目标是让申请人能够满足相关要求，验证其是否充分考虑了可能出现的所有伦理问题，以及是否有必要"采取预防/纠正措施"。

在出现问题时，所有项目都应该由至少两名专家根据欧盟网站调查问卷进行评估（外部评估）。在可能出现的伦理问题敏感度较低时，伦理审查则相对不太严格。欧盟网站调查问卷中的十个问题首先由申请人作答。在适用于项目时，申请人还应该回答关于人体胚胎干细胞的问题。

下面我们将详细考察外部评估方的工作内容。相关评估流程同样可以分为三个阶段，每个阶段都需要不同的投入：

第一个阶段是预筛选阶段，此阶段不需要提供审查意见，主要目的在于识别确认是否存在潜在的伦理问题，以及需要填写的相关页面。

第二个阶段是综合性筛选阶段。在问题和预先填写答案的引导下，对整体项目进行综合性筛选，以确保专家能够对项目提出审查意见。这些专家必须针对项目的独特性进行审查。应该预留出空间，以便专家能够尽可能简洁地填写审查意见，对相关问题进行解释。如果专家提出了意见，我们则可以看到其提出相关意见的具体理由。专家必须作出一般性的结论，并提交给欧盟。

第三个阶段是互相独立进行个别审查的专家达成共识的阶段。在部分情况下，需要专家当面讨论数天时间才能达成共识。

外部评估流程可以分为上述三个阶段，至少应该由两名专家执行。对于很多项目而言，绝大多数工作都是远程执行的。如果专家达成共识，且文件材料完整，则将为项目签发《伦理同意书》。如果无法达成共识，则需要专家亲自到欧盟总部布鲁塞尔进行当面讨论。在两名专家共同协商中出具共识报告期间，负责跟踪特定项目的欧盟官员也可以参与讨论，以便弄清楚专家的具体意图。这些官员还需要在后续确保申请人已理解需要做些什么、提交什么问题材料等事项。这些官员在场还可以确保专家理解各种评估方案的可行性以及相应的后果，尤其是在出现非常敏感的伦理问题时，可以确保是否需要对项目进行深入的伦理审查。

需要指出的一点是，外部专家和欧盟签署合同，并由欧盟支付薪酬，就像负责科学审查的评估方一样。此合同具有一定期限，专家须承诺必须满足特定标准，包括**独立性**（只代表自身进行评估，不代表国家[①]或者雇主)[②]、**公平性**（应该根据项目的优点而不是项目来源进行评价）、**客观性**（项目是什么并且它应该是什么）、**一致性**（对所有方案使用相同的评估标准）、**隐私性**（保护申请人的隐私；在评估之后将相关文件材料销毁）；或者承诺在规定期限内对项目进行完整评估。正如上文相关内容所述，在每次评估中都必须避免利益冲突。在每个项目的评估之前都应该了解一下会出现的利益冲突问题。如果在项目评估过程中发现专家存在利益冲突情况时，专家则必须撤回。

需要强调的一点是，专家只负责提供自己的意见。最终作出决定的是负责跟踪和审查特定项目的欧盟官员[③]。部分情况下，欧盟官员可以和评估方通电话交流意见，以便进行必要的协调。

另外，同样重要的一点是上述评估方是由欧盟选择的。而根据 H2020 框架[④]，欧盟通常选择科研人员或者该领域专业博士后作为评估方。有时候会根据科研机构的关联性，以是否参与过欧洲项目等为标准进行评估方选择。但主要还是根据评估方的专业知识进行选择，其中包括教育背景、语言能力、工作经验和工作背景、与欧盟的合作经历、出版的主要著作和获得的科研成果等。

这种选择框架就会让科研伦理审查变得错综复杂。这样人们就会意识到自己虽然被选中处理伦理问题，但自己并不是伦理哲

---

① 需要指出的一点是，欧盟需要确保合同中标国家得到充分的表达，这看起来有点自相矛盾。

② 括号内的解释是指由欧盟提供给评估方的文件中所做的定义。

③ 根据具体的项目，尤其是在出现问题时，作出最终决定的人员可能会发生变化。

④ 参阅：http://ec.europa.eu/research/participants/portal/desktop/en/experts/index.html（2015 年 7 月 15 日查询）。

学家，所以无法解决这些问题①。可以看出，欧盟在选择伦理评估方时，试图在年龄、性别、国家忠诚和学科之间进行平衡。

在框架计划规定的期限（120天）之后，任何人都不能再继续进行伦理审查。通常情况下，两名专家分别独立审查完30个项目需要约七天的时间。在利益冲突情况被排除之后②，专家就要审查来自相同团队或者相同机构的项目，或者专家在审查过程中可以通过任何方式获利③。专家可以访问欧盟的相关网站，从中下载或查看项目的"A部分"文件和技术附件，对项目进行评估。

之后，专家将按照上文所述的三个阶段填写欧盟网站调查问卷：

1. 通过筛选，确定项目是否会产生伦理问题（伦理筛选）；

2. 进行伦理审查；

3. 与其他专家的审查意见进行比较，并形成"共识报告"。

---

① 在为欧盟官员提供伦理培训，并和外部审查专家签约之后，我注意到这些专家中几乎没有哲学家，即使是大学阶段受过哲学教育的都很少。最常见的是具有伦理意识的科学家，其主要学术背景都是自然科学、工程学或者社会科学。当然，部分专家具有双学位，例如生物学和哲学。但不是所有人都在学术机构任职，部分专家来自于各种协会。

② 尽管如此，这一点在欧盟与专家签署的合同的附件1中作出了详细规定。除了在隐瞒利益冲突情况能够直接或者间接获得利益的情况之外，欧盟还禁止欧盟项目的相关国家联系人、企业欧洲网络计划项目成员担任伦理审查专家。利益冲突情况需要追查之前三年内的合作情况。

③ 当前，同属于一家学术机构被视为构成利益冲突。这项政策会对部分项目申请人造成妨碍。尽管如此，根据我和欧盟部分官员的讨论，由于同属一家学术机构而形成的利益冲突规定将确定会被取消。有一种观点认为如果申请人和评估方同属一家学术机构，审查起来甚至会更加细致、严格。当然，同一家学术机构内的不同院系之间有着不小的距离，这种距离能够部分程度保证独立性。但是如果这些不同院系之间存在竞争关系，那么其独立性也是值得怀疑的。

后续的其他步骤包括：由另一名专家执行**质量监控**，主要是分析评估的一致性和透明性；在出现分歧的情况下，该专家可以和负责编写共识报告的专家交换意见，之后再撰写**总结报告**。质量监控和总结报告由两名不同的专家完成。因此，通常情况下，每个项目都需要通过至少四名专家的评估。最终再交由欧盟官员，让其负责执行最终审查。

1.3.3 伦理审查的十个问题

我们现在将讨论与科研伦理审查相关的十个问题及其子问题。这里我们需要指出的是，如果评估认为某问题和该项目无关，则该项目不需要回答此问题。答案由申请人预先填写。伦理专家可以对其进行讨论或修改，或者加入自己的审查意见。

对于每个问题而言，首先都应该进行评估，确定此伦理问题是否适用于该项目。如果适用，还应该相应地说明在"A 部分"和技术附件中对应的页码。对于每个问题而言，都应该留出一个输入框，以便在备注上填写意见。当然，每个伦理问题的答案后面都有相应的具体的要求。这里需要强调一下：这些要求都附在预先填写的简短说明之后，有时候可能还会伴随有专家的批注。

（一）**人体胚胎/胎儿**：1. 本项目是否会涉及人体胚胎干细胞？如果是，请回答下列问题：1.1 本项目使用的干细胞是否直接来源于胚胎？ 1.2 是否之前已经建立细胞系？ 2. 本研究是否需要使用人体胚胎？ 3. 本研究是否需要使用人体胚胎组织/细胞？

具体**要求**如下所述：如果之前问题的答案是肯定的，则必须提供下列信息：人体干细胞系来源方面的信息；由涉及的欧盟成员国主管机构提供的授权细节和控制措施；关于胚胎来源的必要信息，包括组织和人体细胞；最后是关于使用胚胎/胎儿、组织和细胞的知情同意授权（获取）方面的信息。最后一个项目是"其他说明"，每个问题的结尾都是如此。

（二）**人体**：问题如下所述：1. 本研究是否需要人参与？ 1.1 参与研究的人员是不是社会或人类科学研究的志愿者？ 1.2 是否属于不能向其提供知情同意的人员？ 1.3 是否属于弱势群体或族裔？ 1.4 是不是儿童／未成年人？ 1.5 是不是患者？ 1.6 是不是参与医学研究的健康志愿者？ 2. 本研究是否会对研究参与者采取医疗干预措施？ 2.1 相关措施是否为外科手术？ 2.2 相关措施是否和生物样品采集有关？

具体要求如下所述：如果之前问题的答案是肯定的，则必须提供下列信息：详细说明用于识别和招聘研究参与者的具体流程和标准；关于参与研究的知情同意授权（获取）方面的信息；说明参与者是不是儿童／不能向其获得知情同意授权的成年人，如果是，证实其参与实验的合法性；在涉及儿童以及／或者不能向其获得知情同意授权的成年人时，提供获得同意／协议的担保，在这种情况下，还应该说明拟采取的、避免相关个人或群体的弱势／污名被进一步加剧所应对的措施；说明是否需要使用创伤性外科手术；详细说明在出现偶然结论的情况下拟采取的政策。同第一个问题一样，最后一条为"其他说明"。

（三）**人体细胞／组织**：问题包括：1. 本研究是否需要使用人体细胞或组织（除了第一个问题中的"人体胚胎／胎儿"之外）？ 1.1 这些细胞或组织是否通过商业途径获得？ 1.2 是否由本项目获得？ 1.3 是否由其他项目、实验室或者研究机构获得？ 1.4 是否通过生物银行（bio-bank）获得？最后为填写备注信息提供文本框。

具体**要求**如下所述：如果是通过商业途径获得人体细胞／组织，则应该说明细胞和组织的具体类型，以及具体的获得方式。如果人体细胞／组织是由本项目获得的，则必须提供对相关细胞／组织进行伦理审判的详细信息。如果相关细胞／组织是由其他项目获得的，则必须说明细胞和组织的具体类型，以及相关数据所有者的使用权限（包括伦理审判文件）。如果相关细胞／组织是保存在生物银行中的（已使用），则应该说明细胞和组织的具体类型，以及相关生物银行的详细信息和访问途径。最后部分依然是"其他说明"。

（四）**个人数据保护**：1. 本研究是否需要采集／处理个人数据？ 1.1 本研究是否需要采集敏感性的个人数据，例如健康状况、性取向、伦理观、政治意见、宗教或者哲学信仰等？ 1.2 本研究是否需要处理基因信息？ 1.3 本研究是否需要对参与者进行跟踪或观察？ 1.4 本研究是否需要进一步处理之前采集的个人数据（二次使用）？最后是供填写其他备注信息的文本框。

具体**要求**如下所述：如果上述任何一个问题的答案是肯定的，则必须尊重下列要求。必须提交负责数据保护人员或者机构签发的"个人数据采集伦理审查文件"的副本，例如大学或者负责的国家机构。必须证明敏感个人数据采集／处理的合法性和正当性。必须详细说明个人数据采集、储存、保护、归档和销毁的具体流程，并确认上述流程能够满足相关国家以及欧盟的法律法规规定。必须提供关于个人数据采集的知情同意的详细信息。申请人必须明确确认相关数据可以合法使用，或者可以公开使用。否则的话，必须提供相关的授权。最后部分依然是"其他说明"。

（五）**动物**：此问题如下所述：1. 本研究是否需要使用动物？什么物种？1.1 是不是脊椎动物？1.2 是不是非人类灵长动物（NHPs）？1.3 是不是转基因动物？1.4 是不是克隆的家畜？1.5 是不是濒危动物？最后为供填写其他备注信息的文本框。

相关**要求**如下所述：必须提交相关方（农民、分包商、用户和设备提供商）关于动物实验的授权。应该提供一份项目授权书副本（在必要时，还应该涵盖转基因动物）和研究协议。在研究协议不确定的情况下，必须详细说明试验的具体性质，包括确保动物福利的具体流程，以及如何实施动物实验的 3Rs 原则[1]。在适用的情况下，还应该提供参与动物实验的人员的培训证书/个人许可。申请人必须说明在研究过程中是否会使用非人类灵长动物，如果是，还必须提供相关动物的历史记录文件副本。最后部分依然是"其他说明"。

（六）**第三国**：1. 如果研究牵涉任何非欧盟国家，则相关研究工作在该国内是否会导致潜在的伦理问题？2. 是否准备使用当地资源（例如：动物/人类组织样品、基因物质、活体动物、人体残骸、具有历史价值的物质、濒危动植物样品等）？3. 是否准备将任何材料（包括个人数据）从非欧盟国家进口到欧盟？3.1 如果是，说明需要进口的具体材料和来源国。[2] 4. 是否准备将任何材料（包括个人数据）从欧盟出口到非欧盟国家？4.1 如

---

[1] 这是指由拉塞尔（W. M. S. Russell）和伯奇（RL Burch）在 1959 年提出的三项保证，分别为：1. 替换，即在能够达成相同目标的情况下，使用一种不牵涉动物的方法进行替换；2. 将使用的动物数量降低到最小，将获取的信息量最大化；3. 应该改善动物福利，尽可能减少动物遭受的痛苦和压力。

[2] 相关空栏仅够输入 1000 个字符。

果是，说明需要进口的具体材料和目的地国。[①] 5. 本项目是否会涉及低中资源国家，如果是，是否具有利益共享计划？ 6. 在相关国家内，参与本研究是否会使相关个人承受风险？最后是供填写其他备注信息的文本框。

具体要求如下所述：申请人必须确认已经严格实施了相关伦理标准和 H2020 的建议，不论相关研究在哪个国家执行。必须提供充分的详细信息，确认已经在国际合作伙伴国家（ICPC）框架内[②]，达成了公平的协议，以便共同分享研究过程中产生的利益。申请人必须详细说明在研究过程中需要进出口的材料，并提供适宜的授权文件。还必须提供关于拟采取以便减少本研究参与者个人风险相关措施的详细信息。

（七）**环境保护和安全**：此问题如下所述：1. 本研究是否需要使用会对环境、动植物造成有害影响的元素？ 2. 本研究是否会涉及濒危动植物保护区？ 3. 本研究是否需要使用会对人，包括参与研究的人员造成有害影响的元素？最后为供填写其他备注信息的文本框。

具体要求如下所述：申请人必须详细说明研究会对环境造成何种损害，并说明拟采取的、降低相关风险的措施。在适用时，还应该提供相关措施实验室授权书的副本（例如：安全等级分级证明或者使用转基因生物的授权）。申请人必须确保采取了必要的流程，确保参与试验的工作人员能够遵守相关的国家/地方法律/法规的规定。应该详细说明研究可能会影响到的濒危/受保护物种，同时还应该提供相关的授权。最后部分依然是"其他

---

① 相关空栏仅够输入 1000 个字符。
② 国际合作伙伴国家。

说明"。

（八）**滥用**①：相关研究成果是否具有军事用途？最后为供填写其他备注信息的文本框。

具体要求如下所述：说明项目成果可能会具有的潜在军事用途，以及拟采取的降低上述风险的策略；在适用的情况下，还应该提交一份"伦理同意书"。同时还应该说明相关研究成果的军事用途是进攻性的还是防守性的。最后部分依然是"其他说明"。

（九）**误用**（不当使用）：本研究成果是否会被不轨者 / 犯罪分子 / 恐怖组织滥用？最后为供填写其他备注信息的文本框。

具体要求如下所述：应该详细说明拟采取的，用于防止相关研究成果被不轨者 / 犯罪分子 / 恐怖组织滥用（不当使用）的详细措施。最后部分依然是"其他说明"。

（十）**其他伦理问题**：正如上文相关内容所述，此问题是一个特殊的问题：是否还有其他需要予以考虑的伦理问题？请说明②。最后为供填写其他备注信息的文本框。

在**要求**部分，调查问卷中提供了一个空栏，用于填写"其他问题"。之后是一个没有编号的单独问题：人体胚胎干细胞的使用。只有在第一个问题的答案为肯定答案时，才需要填写本栏。其具体问题如下所述：科学评估方是否已经确认：为了达成研究方案的科学目标，必须使用人体胚胎细胞？下面是一个空栏，供申请人填写。

调查问卷的后续部分采用了不同的排序方式。这部分是供评

---

① 这里是指商品和技术的军民两用。人们可能认为化学品、核能、弹道和民用产品可以用于军事用途。

② 相关空栏仅够输入 1000 个字符。

估方填写的。评估方必须提供其"伦理意见"。"伦理意见"可以分为下列四类：（1）同意提供"伦理同意书"；（2）有条件的同意；（3）需要提供补充文件；（4）建议进行伦理审查。在建议进行伦理审查的情况下，必须再次进行评估。在第一阶段不需要填写任何审查意见。在第二和第三阶段内，可能还会提出一些额外的要求。在审查过程中，相关的审查意见由欧盟官员预先填写[①]，但外部专家可以通过备注的方式进行修改和补充。这些审查意见至少应该与帮助填写调查问卷的法律文件相兼容，伦理专家可以对审查意见进行补充。第四阶段要求专家达成共识。这就要求和其他评估专家进行协调。审查也应该达成共识，并记录在项目文件中，如果项目需要进行（额外的）**伦理审查**，则应该填写下面这栏：你是否建议对此项目进行伦理审查？如果是，请提供进行伦理审查的时间表。

需要强调的一点是，在项目结束之后两年内都可以对其进行伦理审查。最后一栏是保留的备注栏。

在项目执行过程中，可以随时召集申请人进行定期报告科研伦理方面的情况，可以任命伦理顾问进行项目管理，也可以对项目进行伦理审查和评估。甚至可以要求科研人员采用能满足伦理要求的研究方法。

发送给伦理专家的上述文件中还包括一种情况：项目的伦理状况不可接受。尽管如此，需要注意的是，在这种相对少见的情况下，在欧盟作出决定之后，可以采取相应的应对措施，从而减

---

① 15 年前，伦理审查员可以使用额外的空白表填写建议，部分文件的篇幅可以达到 300 页。当前，所有操作都已经实现了无纸化。当然了，形式的变化并不重要，但是建议的内容确实大大缩水了。

少拨款额度或者中止协议。

后面一栏询问的是该项目的伦理问题是否具有敏感性，还是只是简单的伦理问题。

最后一栏留白，供负责审查的欧盟官员填写备注信息。

因此，在伦理审查过程中，主要由两名专家对研究方案进行审查，在审查过程中主要关注调查问卷所涵盖的伦理问题。之后，两名专家必须达成一致意见，并由其中一位专家撰写报告，另一名对报告进行验证。此外，还需第三名专家执行质量监控，第四名专家撰写提交给项目发起人的最终版本报告。提交给项目组成员或者欧盟的所有审查意见和要求都必须清晰明确。另外，第三名和第四名专家并不需要对项目进行复审，只负责检查报告的总体一致性和表达方式。

在遇到困难或者专家之间出现分歧时，再或者当欧盟官员认为评估存在问题时，还可以邀请其他专家参与审查。接受访问的欧盟官员告诉我们，其实专家对于具体的伦理条款并不会出现明显的意见分歧。讨论主要集中在申请人是否应该同意给他人分享自己项目的情况，或者其自我伦理评估的文件副本等细节问题是否有分歧。专家之间的意见分歧主要受到专家所受教育的影响，例如，律师就非常重视是否按照要求提供了必要的文本材料。官员认为，在要求进行额外的伦理审查时，应该重点关注条款本身，这样才能真正实现"增值"。

总体而言，在科研项目的执行过程中，不仅应该密切关注是否有伦理问题未被发现或者未被充分考虑，同时还应该关注如何处理这些伦理问题。

1.4 | "伦理"审查的局限性

此调查问卷是基于大量工作后总结得出的，其主要目的在于规定伦理审查的范围，以确保不但能够应对新兴技术和科研活动带来的挑战，还能促进欧盟标准的规范性建设。我们承认此问卷的真实性和鲁棒性，因为该文件已经通过了很多项目的检验和测试。欧盟提供了一份英文版的指导原则供科研人员和评估方使用，即**指导原则：如何填写你的伦理评估表**①。尽管如此，我们还是需要对其进行特定的分析，以便将此问卷拿到伦理领域进行分析比较。

1.4.1 伦理原则以拓展的法律文件为背景

我们需要仔细考察问卷中提出的伦理问题清单及其相关要求，因为该问卷是一份带有强制性的文件。同时，这些伦理原则以法律文件为背景，有时候以伦理的形式或者根据伦理概念提出。在伦理审查的过程中，科研人员和评估方可以通过点击超链接的方式查阅这些法律文件。对于 H2020 计划而言，其中包括一份 698 页、共有 34 条②**"融资协议"的带注释模板文件**；另外还有上文所述**科研诚信行为的欧洲准则（以下简称"准则"）**，这份文件篇幅相对较短，只有 24 页。模板文件涵盖了项目的整个

---

① 参阅：http://ec.europa.eu/research/participants/data/ref/h2020/grants_manual/ hi/ethics/h2020_hi_ethics-self-assess_en.pdf（2015 年 11 月 20 日查询）。

② 参阅：http://ec.europa.eu/research/participants/data/ref/h2020/grants_manual/ amga/h2020-amga_en.pdf 2015 年 10 月 30 日发布的 2.1 版，第 235–238 页。此文件中提及并引用了很多其他文本内容，主要都是法律文件：法律、实施细则或者委员会决议。其他文件都是一些用于帮助理解具体目标的模板和辅助性文件（参阅 pp. 4s）。

周期，从项目开始到项目结束所有步骤都完成评估为止。

其中关于伦理的条款对于伦理审查非常重要。之所以重要，是因为它依据伦理调查修正了伦理审查的内容和形式，但在仔细阅读之后，我们还是发现了一些问题。所以我们的目的是通过这些问题来说明可能需要的改良和改进措施，以确保后续能够在特定伦理维度下，开展成果丰硕的科研工作。

（1）通过**模板**文件可以了解构成调查问卷基础的法律条款。但对于项目开发者而言，文本的范围，尤其是不同条款之间的互相交叉引用就是第一大挑战。因此，由于时间原因很多科研人员将调查问卷搁置在一边。这里就必须承认调查问卷的实质只是对欧盟提出的**模板**文件的翻译和总结[①]。

（2）如果**模板**文件中的伦理条款对于任何项目开发是有价值的，那么相关科研团队则必须仔细考察其是否能够满足相关要求。实际上，相关科研团队"必须遵守欧盟的国际伦理准则和国家法律"。对于合作研究而言，必须同时遵守所牵涉的国家的法律和欧盟的法律。因此，我们担心可能会出现不同层级的法律冲突问题。当然，我们可以认为这些法律规定通常都是一致的，或者说至少是趋于一致。但实际情况往往并非如此。另外，根据辅助性原则，不同国家法律之间至少应该不互相冲突。为了进行研究，应该允许进行相关研究的国家在其境内设立至少一家联合研究院。因此，必须检查项目的这一部分是否得到了有效执行。

（3）此法律文件可以帮助专家从伦理的角度对项目进行评估。实际上，模板文件第34条中规定的伦理清单可以构成解释

---

① 律师在将不同文本中的所有内容整合起来时可能会遇到困难。尽管如此，还是应该确保在文本之间分出层级，例如指令和法规。

的基础。

那么，对于这些伦理原则及其与模板中所述的法律文件之间的关系，我们又该说些什么呢？

在这里没有任何空间可以让我们对法律规定和这些原则进行精确解释。因为我们并不确定这些伦理原则是否包括在法律范畴内，并以相同的方式被转化为法律。相反，有可能可以从这些法律中派生出其他的一些伦理原则。

（4）关于伦理评估需要考虑的另一个问题是评估范围。实际上，在本章导言中，我们选择"**准则**"进行分析，是因为这些准则更加关注科研活动本身，而没有将关注重点放在牵涉的人员或动物或者环境破坏方面。这些准则完全被纳入**模板**文本中。这些准则要求遵守最高标准的科研诚信。在**模板**文件的最后也明确提及了"科研诚信行为的准则"。因此，这里就存在多种解释：首先，科研本身的诚信问题是伦理审查的一部分，因此应该进行评估；或者"科研诚信行为的准则"与伦理审查具有相同的原则。正确答案就在这两者之间。一方面，从调查问卷中可以看出，伦理审查并未涉及科研诚信方面的问题[①]，只是作出了假设和预期。另一方面，第34条规定中的伦理原则与这些**准则**的内容并不一致。即使这些准则没有超出适用范围，并且区分了"科学的伦理情境"和科学的"负责任行为"[②]，但从严格意义上看这已经超越了科研伦理的范畴，伦理审查还牵涉科研人员或动物的伦理原则。

[①] 如果在伦理调查问卷中没有对影响科研诚信的不端行为进行评估，那么在相关不端行为被发现之后，可能会导致项目受到质疑。

[②] 关于科研伦理范围的这个主题可能已经引发了争论，因为有一条注释中提到欧洲科学基金会的两次重要会议（2008 年马德里会议和 2009 年阿姆斯特丹会议）。

现在让我们仔细考察一下准则清单中列出的伦理原则：诚信沟通、严谨、负责地开展科研工作，客观、公正和独立、开放和可及性、谨慎责任，引用其他科研人员成果时保持公正、以对未来负责的方式开展研究。

在伦理审查调查问卷中，上述多数原则没有被涉及。问询申请人其科研过程、科研成果是否诚信可能会被视为一种冒犯。因此，在伦理审查过程中，此清单中的很多原则将不会被涉及。

然而，这导致这些伦理原则只在十个伦理审查问题范围之外。但这是很让人吃惊和互相矛盾的。实际上，如果科研界本身比伦理审查更加严格，那么为什么还会提出诸如"以对未来负责的方式"这种原则呢？规范的作者在解释这条原则时所说的是"指导年轻的科学家和学生"，但这种解释显得过于苍白无力。

为了避免由于摘录不同的文本内容而导致的不确定性，模板文件只保留准则中涉及个人、科研团队或动物、环境、合作伙伴和研究用途方面的伦理原则。因此，这里就需要假设科研人员遵守行为规范就能达成良好的科研活动，或者假设情况并非如此，因此需要向其提供资源，对科研人员、项目上游以及整个项目进行评估。尽管如此，这就导致第二个问题，即相关科研成果可能会被其他机构、学院、大学或者行政机构滥用[1]。

（5）除了行为准则之外，**模板**文件中还包括了很多其他原则：尊重人的**尊严**和诚信；对科研主体（参与研究的人员）保持诚实，具体讲就是需要获得研究主题的自由、知情同意甚至授权；保护弱势群体；**提倡公正和包容**。另外，其中还包括了下列

---

[1] 我们将在第 4 章的末尾重新讨论这个问题。

原则：**减少损害和让利润最大化**、与弱势群体分享利润（尤其是相关研究在发展中国家开展时）、提高动物福利（尤其是尽可能减少在研究中使用的动物数量）、尊重和保护环境及下一代。

这些以黑体字书写的原则已经超过了伦理审查的评估范围，例如"提倡公正和包容"就未包括在审查范围之内。

清单中也包括一些与**准则**相同的原则，但准则中原则的范围更广，且特定原则的含义发生了变化。

我们认为两者的范围，或者语境有所不同，这就导致两者的范围或多或少发生了变化，但依然可以整合在一起。然而即使伦理原则是普遍的，或者说即使伦理原则相同，两者对于"诚信"的解释依然有所不同。

最后，还需要指出的一点是，在伦理原则清单中，有两个问题[①]设计得像俄罗斯套娃一样，嵌套在一起，但这两个问题之间却经常出现冲突，因为两者有着不同的范围、具体的方向也不一致。严格讲，应该可以缩减清单的内容，将这两个问题合并在一起而不是并列提出。但这样可能会让类似问题所引用的规范性文本内容变得非常冗长。最好的做法应该是提出相对较少的伦理原则，以确保其能够被遵守。

1.4.2 伦理审查更接近法律而非伦理

作为 H2020 计划基础的法律文件中，对伦理审查的法律依据作出了下列规定：

[①] 如果我们将这些文本内容视为对"如何填写自我评估"指导原则手册的引用，则我们将会面临更多的一致性问题。对于调查问卷十个问题中的每一个而言，都会有新的文本内容。有的问题甚至会增加 11 条文本内容。

所有科研方案都必须说明可能产生的伦理问题以及解决这些问题的方式，以确保国家、欧洲和国际法律法规要求能够得到满足。

我们访问了欧盟内部了解这一主题的相关人员，他们也承认伦理条款的规范性，或者伦理审查本身都和"伦理"差得很远。诸如部分人希望在"人类保护委员会"和"动物保护委员会"等组织的框架下重新评估这一流程。这种想法说明相关伦理审查其实更接近于法律，是受到资助的科研人员不得不遵守的法定标准。诚然，基于必须遵守的法律文件制定标准，能够让伦理审查更加有力度。但是从伦理的角度看，这种做法会限制道德理论的多样性，这一点将在本书第 3 章和第 4 章中详细讨论。这一点同样适用于作为伦理先决条件的自由意志[①]。在科研人员出现不当行为或者错误行为时，就会受到法律的制裁。当然，在不当行为评估的过程中，法律也会为自由意志留出有限的空间。从伦理的角度看，制裁的方式有所不同。例如，伦理方面的制裁通常采用责备的方式，而积极方面采用的则是赞扬。这些问题都将在本书第 3 章和第 4 章中进行讨论。

同样地，生命伦理领域也出现了这种法律主宰伦理的想当然。严格来讲，伦理并不是从法律中派生出来的。法学助理教授索菲·莫尼耶（Sophie Monnier）认为，伦理委员会建立了一个与伦理完全脱钩的强制性系统，这只不过是法律和伦理系统的替代而已［MON 05］。她使用"准法律规范"来描述这一系统，这是可以理解的。如果法律能够完全解决技术创新带来的所有新问

---

① 合乎道德的负责行为必须是自由的。参阅本书［GIA 16］中的实例。

题，那么将完全不会出现由未知或者全新的发展（主要是技术发展）引起的这些讨论。实际情况是这些新机会引出的伦理问题受到质疑，要受到各种各样的验证和论证，争论过后方可确定可能的伦理选择，之后才能从中派生出法律规定。

欧盟内部负责伦理评估的一名法律专家[①]也确认上述互补性甚至能够促成实证主义法律理论家之间的共识。一方面，法律是由诸如议会等立法机构颁布的，某种程度上"并不关心"伦理问题；但另一方面，作为法律理论家，本身也需要考虑伦理和法律之间的关系和一致性[②]。在生命伦理或者更加广泛的新兴技术伦理的辩论过程中，讨论的重点并不是欧洲或者国家法律已经作出了何种规定，而是法律应该作出何种规定。在争论过程中，争论主题逐渐从伦理讨论转变为新技术发展前沿和使用前景，这些都为未来法律的颁布奠定了基础。

例如，在法国三级会议（在本书结论中还将回顾一项法国试验［REB 10a, REB 10b］）或者荷兰议会对生命伦理进行的论辩过程中，争议焦点主要是生命伦理的相关法律应该如何演化。针对议会提出的每个问题，都会有相对应的国家法律中的条款规定与相关技术当前的发展水平作回应。

当然，生命伦理是基于一些基本原则的接近法律。当前，在欧洲范围内，各个国家正在努力将生命伦理的基本原则统一起来［KEM 00, REN 00］。

---

① 参阅给欧盟提供的培训（2015 年 11 月 9–10 日）。
② 这就是罗纳德·德沃金（Ronald Dworkin）［DWO 11］举出的将伦理放在法律之前的实例。他还指出道德哲学在法律原则解释过程中的重要性。他是一个道德客观主义者，为伦理和法律解释作出了比其他人更好的论辩。

需要指出的是，在伦理审查过程中，供科研人员和评估方查阅的文本内容是不断变化，且具有法律效力的。我们可以在法律框架内按照优先级考察其价值。

另外，还需要提及的是伦理委员会的构成是跨学科的。由于具有跨学科性质，因此在讨论提交文件的过程中，工作方式也是各不相同的。这一点将在本书第 5 章对集体评估流程进行专门论述时予以讨论。

通过法律文件的支持，可以防止出现科研项目中的"技术性部分"问题。"技术性部分"是用于描述科研项目中的科学部分的术语，这部分在伦理审查阶段不予审查。评估方将以不同的方式开展工作，在其认为项目存在伦理问题时，相关项目将无法得到资金支持。但通常情况下，评估方只需要审查项目是否存在调查问卷中九个主题所述的伦理问题。评估方可以要求科研人员提出多种严格的保证措施，让项目无法执行或者需要重新设计并进行第二次评估。这种二次审查战略让科研人员有机会重新划分和组合工作包（WPD）与资金。

1.4.3 "技术"评估和伦理评估之间的人为分离

科研项目的评估通常分为两个部分，即"技术"评估和伦理评估。欧盟官员和部分评估方遵守并支持这种划分方式，但其他专家并不认同这种看法，他们认为技术和伦理这两者是不可分的。他们从来都不认为技术是中性的，技术的价值能够通过技术设计体现出来。价值敏感性设计方面的内容将在本书第 3 章和第 4 章中进行讨论，其中包括特定的科学社会学方面的内容。我们必须宣称技术是有伦理的，这样会让我们面临"没有自由的伦理"这一问题，包括技术有哪些伦理问题，这些伦理问题来自何处。我们想说的是"是什么"和"应该是什么"这两种评估之间存在相关性。换句话说，如果我们不了解如何对问题或者项目进行评估，也不考虑具体问题是什么，那么我们将无法使用规范性的术语来描述项目"应该是什么"①。我们所说的是部分评估方将项目的"技术性"部分和伦理部分完全分离开，所以我们说并不存在如此简单绝对的二分法。实际上，部分评估方认为科研项目的这两个维度在根本上不能分离。

在将项目的"技术性"部分和伦理部分区分开之后，尤其是从技术性部分转移到伦理部分时，欧盟官员在对项目进行科学评估的过程会面临一些问题，即对项目进行评估超出了其专业能力范围。当然，欧盟官员可以将科学和伦理审查委托给熟悉项目科学部分或者伦理部分的专家②。但在实践中，在伦理审查过程中，官员和伦理专家并不参考调查问卷、平台或者相关的页面。实际上，专家仅仅依靠项目本身的陈述来发现可能存在的伦理问题，并在必要时进行报告。我们应该继续深入，查看一下申请人解决相关伦理问题的应对措施是否得当，并确保这些措施能够在整个项目周期内得到实施。我们应该审查适宜的问题管理方法，确保其能够充分解决项目出现的伦理问题。

对于部分科研领域而言，科学目标和特定伦理要求之间存在冲突。例如，像克洛德·列维·斯特劳斯（Claude Lévi-Strauss）那样著名的人类学家可能从来没有想过要获得参与其研究的部落

---

① 此问题将在 [REB 11, REB 16] 中更加详细地进行讨论。
② 这个问题说明伦理专业知识的重要性。但我们在这里不能继续深入讨论，因为这样会把我们引入到道德现实主义或道德认知主义问题上 [REB 10b, REB 11a, REB 16a]。

成员（斯特劳斯的多项研究是以部落为对象开展的，译者注）的知情同意，尽管在欧盟资助项目的调查问卷和各种形式的国家资助问卷中反复出现此项要求。我们来试想一下医学和生物科学的实际情况，再来谈论科研伦理、人类与社会科学的话，那么我们还需要承担更多责任。例如，特定的研究结果可能会引起弱势群体甚至种族歧视方面的伦理问题。而且在人类与社会科学中，管理伦理调查问卷的问题清单并不容易。例如，如果对社会科学有兴趣的科研人员需要研究服用兴奋剂的运动员，那么他怎么可能获得研究主体的知情同意呢？如果"研究主体"拒绝服从，要求获取知情同意是否会导致研究无法继续进行呢？另外，获得知情同意可能会对研究本身造成影响，让研究结果产生偏差，因为很多研究结果就取决于被研究人员如何作出回应。

普遍来说，所有涉及群体研究和观察的方法都会产生知情同意的问题，也就是说，在科研人员设计的试验场景和"真实生活"状态下，被研究者可能会作出不同的回应。让我们试想一下对世界青年节集会进行的研究。在这种情况下，你很难要求数以千计的人员同意你对此次集会进行研究。

例如，在对祖先（或者所谓的祖先）残骸进行研究时，也存在一些无法消除的障碍，部分部落并不希望科研人员对其进行研究。肯纳威克人的著名争论[1]最后一直闹上了美国法庭。在经过多次的申诉和审判之后，最终将骨骼还给了科学家。

尽管已经根据其具体专业向人类与社会科学研究人员提供了

---

[1] 参阅：https://fr.wikipedia.org/wiki/Homme_de_Kennewick（2015年11月10日查询）。

详细的指导原则①，但这些问题实际上并没有得到解决。

在其他学科中，也存在这种科研要求和调查问卷中伦理问题的冲突。例如，研究生物多样性的生物学家可能想从河流中选取活体样品，来研究其生存能力，但他根本无法提前获知其可能发现的物种数量。从这个角度来看，上述调查问卷是来自于实验室研究的，至少是专门针对实验室研究设计的。

1.5 | 回归伦理

让我们回归到伦理调查问卷中。我们注意到该问卷主要关注科研项目可能导致的伦理问题的识别和控制，其余部分都是评估项目的科学性部分。这也解释了为什么很少有因为伦理问题被拒绝的项目。因为拒绝项目必须是严谨的，但如果没有对项目的组织方式进行彻底审查，那么将无法识别和控制这些伦理问题。

使用稳定的清单可以严格控制伦理问题。如果我们不考虑预留给新伦理问题的最后一个问题（第十个），只对清单中的问题进行验证，那么使用专家建议的答案，根据内容提供必要文件材料即可满足这些要求。

在发现问题之后，专家必须针对具体领域提出审查意见。他们必须解释为什么不需要考虑特定的具体问题，或者申请人提供的答案为什么不完整。尽管如此，我们将自己限制在发现或者指出伦理问题的层面上，距离对其进行真正评估还很远。在评估过程中，专家或者申请人必须依靠上文所述的各项原则的解释，或

---

① 参阅：http://ec.europa.eu/research/participants/data/ref/fp7/89867/social-sciences-humanities_en.pdf（2015年11月10日查询）。

者依赖于下文所述作出伦理判断的各种其他基础。

作为本章的结论，我们试图分析欧盟设计的伦理审查的局限性及其"地方性"。导致这些局限性主要是这些伦理审查主要基于义务论而非其他的道德理论。

1.5.1　道德和伦理，分析层面的问题

通过不同的分析，我们能够发现问题并提出建议答案，这里，我们将讨论一个已经成为伦理学领域的**驴桥定理**问题，即道德和伦理之间有什么区别。各种专家经常混用"道德"和"伦理"这两个词，甚至会完全颠倒其含义。"伦理"和"道德"这两个词通常可以互换，即使考察其希腊语和拉丁语的词源，也无法得到更多信息。在法语中，"伦理"和"道德"这两个词的含义之间有着一定的区别。但必须承认的是，这两个词都可以用于形容各种坏的、好的、正当的，这些具有其他规范性概念的客体或者问题，也可以用于描述诸如选择困难、生命的意义、正当规则的指定、原则的确定甚至道德情操等问题。这些问题有的时候很容易理解，但也经常在很多时候产生争议，争议的要点是"应该是什么样子"和"怎么才具有正当性"等。因此，这两个术语都主要用于描述黑白之间的灰色地带、善恶之间的巨大空间。即使禁止谋杀有的时候也并不具有正当性，例如诛杀暴君。由于新技术具有不确定性，因此自然落入这片灰色区域之中。对于新技术而言，希望中总是隐藏着担忧，就像有两张面孔的雅努斯（Janus）一样。

尽管如此，在我们使用"伦理"和"道德"这两个词语时，还是应该区分出不同的层面，其中包括：

（1）应用领域，这点是不言而喻的；

（2）道德理论；

（3）更加具有反思性的元道德。

因此，我们应该将应用伦理、规范性伦理（带有道德理论）和元伦理学区分开来，尽管其具体含义是相互渗透和交叉的。例如，根据上述三个层面，当听说一个与特定类型转基因玉米的伦理正当性相关的问题时（应用伦理），人们应该询问正当性应该满足哪些要求（元伦理学），并思考证实其正当性的具体方式（根据各种规范性理论）。

以约翰·罗尔斯（John Rawls）为代表的一批作者在其所谓的综合性信念中纳入了各种普世的道德理论，例如宗教道德理论。和他们相反，我们更加重视抽象和统一。在评估具体问题时，宗教是根据自己独有的逻辑行事的，并不会明示或者暗示支持这些理论。

1.5.2 伦理理论的多元化

广义上讲，这些伦理理论主要包括义务论（以权责为基础的伦理）、结果论（其中一种具体形式为功利主义）、契约论、德性伦理、道德的利己主义、目的论和直观论[①]。部分道德和政治哲学家通常将伦理理论分为下列三类：结果论（其中包括功利主义）、义务论和德性伦理。

如果从伦理学的角度来对**调查问卷**进行分析，则从道德理论的角度看，其立足的基础是义务论。我们希望在科研项目评估过程中检验一下其他道德理论。但实际上，道德理论都是多元化的，都是稳健、经过测试和验证正当性的各种方式。仅这一点同

---

① 关于这三个伦理层面和道德理论的详细论述，参阅［REB 16］。

从伦理角度对问题进行评估的相对主义者不同，也与一元论者不同，一元论者往往更多考虑可以遵循的合理路径。

因此，可以将多层面的道德理论和多元化的伦理理论总结成表格的形式，尽可能穷尽可以在正当性论证语境中进行伦理评估的手段[①]。

（1）从规范性伦理角度看的实体类型

这里是指被关注的实体类型或者客体（通常是抽象的）类型，实体和客体都是被评估的目标。例如：事物的状态、动作、性格特征、感情、直觉、行为规范（个体或者集体），以及基础性的规则和理论。

（2）规范性要素

下列要素能够支撑伦理审查，能构成伦理审查的一部分：价值导向判断，例如善、公平、平等、公正（需要提倡的）或者坏的（需要避免的）；评估过程中对未来的乐观或悲观倾向；后果和结果；允许和禁止方面的限制（汇聚性伦理权利）；基本责任和契约（针对所有人或者具体个人）；承诺；原则；规范；价值观；美德[②]。

（3）规范性理论的基础

这些基础能够对上述要素进行正当性验证，在出现冲突时能够对其进行管理。

理论可以分为下列各类：为一种要素和一种被评估实体类型辩护的强一元论；为一种要素和多种被评估实体类型辩护的弱一元论；为多种要素和一种被评估实体类型辩护的弱多元论；为多

---

① 和引导主体采取相关行为的动机不同。
② 换一种负面的说法就是"恶行"。

种要素和多种被评估实体类型辩护的强多元论。

对于一元论而言，我们必须解释只允许选择唯一一种实体和一个要素（**简单一元论**）进行评估，或者对多个要素进行排序（**复杂一元论**）的理由。

对于多元论而言，我们必须解释为什么可以任意进行选择或排序的理由（从而可以提出反方案）。

要素之间的冲突的管理可以从个人、非个人或者集体的角度出发。这种理论可以提倡或者最大化（甚至达到超越点）被选中的目标要素（或者多个要素）。

可以包括其他可选维度，或者相反可以超越责任或义务（超义务）。

在了解了三个伦理层面之间的区别以及道德理论的多元化之后，我们注意到**科研人员诚信准则**存在一致性问题，即将德性伦理方面的问题和属于义务论伦理的职责问题混为一谈。实际上，问卷中所述的是"谨慎责任"问题。

当然，这些区别也不是绝对不可逾越的。现实活动中，我们有时候必须采用混合形式的评估，只是我们必须谨慎。在这个方向上，伦理审查（ERs）朝着被道德哲学承认的伦理多元化跨出了第一步，由于存在多种规范性伦理理论，因此也可以通过多种方式来解释这些原则，而不是仅从义务论的角度来进行解释。

在本章，我们可以看到在科研活动中，责任和科研伦理实际上是两个不同层面的问题。尽管欧盟还没有作出正式的澄清和解释，但欧盟在科研活动中已经采纳了伦理问题责任划分系统。这种责任划分系统随着不同的框架计划而演化。当前，此套系统的主要目的在于确保法规/国家法律或国际法能够得到遵守，能够保护人类、动物和环境，最终能够避免科研成果被投入军用，或者被不轨者不当使用。其主要机制和架构都是来自于生命伦理实践，例如获得知情同意或者利益分享。最近，敏感性数据保护问题开始逐渐受到重视。当前，尽管此框架要求科研人员提出更多的保证，但不同国家实施的安全和知识产权相关法律规定可能会在一定程度上抵消这种努力。

我们可以最终证明所谓的伦理审查或者评估只是简单地尊重法律而已。从道德理论的角度看，我们可以认为这种审查只是一种义务论伦理。但伦理和道德有着更加广泛和多元的含义，因此需要更多的反思和责任。当然，不能将责任简单地理解为一种义务，而是一种在出现损坏时作出回应和补偿的责任混合体。

第2章 负责任研究与创新：
一个雄心勃勃的复合概念

2.1 | 导言

第1章分析了适用于所有科研项目的伦理审查，这些科研项目跟创新项目关系密切。伦理审查涵盖了研究和创新的特有责任。尽管我们能够看到这些伦理审查的价值及其稳定性和合法性，但我们也了解伦理审查的有限性，即其无法覆盖整个伦理范围。如果从道德理论的角度来思考这些评估，它们更加接近道德门槛，几乎完全复制了生物伦理学中的道德原则——来自义务论伦理学的更广泛的意义上的道德原则。

伦理审查能否以一种更负责任的方式为申请者在科研项目中的创造性提供更多空间？这些审查能否让申请者去承担责任？换言之，欧洲科研项目资助的评估方见证了H2020引出的新概念，即负责任研究与创新。此外，这个横向科研课题也重新组织了**科学与社会**研究计划，这个新概念让许多普通的科研人员，特别是科学和社会项目的参与者感到惊讶。如果伦理审查仅仅向科研共同体提供人员和资金上的支持，那么负责任研究与创新依旧保持了部分的神秘性。在起草欧洲项目期间，我们可以向资金援助提供者提出越来越多的新要求作为证据，向我们介绍更多关于负责任研究与创新的信息。科研人员、机构、博物馆和公民社会①组织也表达了同样的失望，在这样一个有着高度规范的概念领域中，他们处于责任困扰的阴影下。然而，这些科研人员中的许多人是社会学家、政治学家、人类学家或历史学家。考虑到伦理社会学（或道德社会学）［PHA 85，PHA 90，PHA 00，PHA 04a，PHA 04b，REB 11］发展的不充分性，这种重构的效果可以被理解。

那么，新的责任概念是什么？虽然我们已经能够看到其必要性和前沿性，但如果没有取代伦理审查的新概念出现，负责任研究与创新和伦理审查之间的差异性、兼容性、竞争性和可取代性是怎样的呢？

在本章结尾将回答这些问题，在这之前，我们将介绍欧盟委员会报告中所示的负责任研究与创新的**关键**和**支柱**②，并对这些理念进行概述，同时我们应当强调，即这些定义只是当下情况的总结。然而，我们应当清楚，每个支柱指的都是已经详细阐述的研究领域，并且有相当数量的高质量出版物。最近旨在可以促进负责任研究与创新的行为及其结果的研究报告指标［EXP 15］，似乎并没有参考以前的工作成果。

即使上述报告描述出了负责任研究与创新支柱的标准，但是关于该主题的学术著作会从不同角度来看待，通常情况下，它会暗地里忽视这些标准，并且选择那些满足尊重负责任研究与创新

---

① civil society，相对于政府和企业的"第三部门"，译者注。
② pillar，意为支撑理念，译者注。

的必备条件。这些情况比负责任研究与创新的支柱更加抽象且难以捉摸。他们有时基于过程，有时基于结果。所以同样，我们应当研究的目标有时是程序性的，有时是结果性的。

当欧盟委员会解构负责任研究与创新或者仅是列出其要求时，我们首先应当要解决它提出的关键和支柱，并且将简要回顾其他研究。这也是实施负责任研究与创新的成果之一：通过有着同样自发性和重要性的资助政策来加入这些共同体。这显然会造成一些问题①。

与伦理审查相比，最具开创性或创新性的支柱是参与性，这是我们分析的重点。我们将详细研究（第2.4节）负责任研究与创新的科研人员如何参与到工作中来。为此，我们将解释责任的概念，它们通常隐含在这些方法中。负责任研究与创新的方法中并没有真正定义责任。我们建立审议制度的原因之一在于：其一，我们努力去区分参与和协商，这二者通常在关于负责任研究与创新甚至是参与式技术评估（PTA）的学术著作中被混淆；其二，我们将努力在考量近三十年来关于协商民主政治理论和哲学方面进行的重大研究的同时，试图清晰地界定协商［REB 12a，REB 12b］，即研究（理论性的）定量和定性的政治哲学和（经验性的）理论以及政治社会学［REB 15］。

---

① 为了阐述这些合作中涉及的未解决的跨学科认识论和理论问题，我们参考下一卷［REB 16a］。当然，EC资助的项目也要求建立研究机构，但也没有参与研究。这是寻求结构中的伦理委员会和欧洲国家的科研人员在科学诚信工作招标的情况。

2.2 | 欧盟委员会的负责任研究与创新（RRI）：灵活的几何空间

在一些文件中，包括旨在具体说明负责任研究与创新概念的投标书[1]［e.g. COM 13, p. 16］，欧盟委员会以负责任研究与创新为基础提出了5个（或6个）支柱——其呈现顺序并不重要。它们是：（1）**利益相关者**的参与或承诺；（2）**科学教育**（或素质、科学素养）；（3）研究过程及内容上的**性别平等**；（4）科学知识的**开放性**（数据和结果）；（5）**治理（伦理）**。这些支柱的概念在系列丛书中已经有过介绍，这里不再赘述［GIA 16］。我们在了解其基本概念后，还应多方验证支柱的合理性［EXP 15］。首先，我们对这些支柱保持质询，应当确保每一个支柱理念的提出都有丰富的科学著作对其进行阐述，并作为欧盟委员会研究投标书的核心，据此以便更好地理解、评估和协调促进它们的机构，并制定具体的指标来衡量它们的未来。其次，我们将研究支柱间可能存在的关系[2]。

我们可以根据一些调查报告去理解这些支柱。

第一，这些支柱是灵活的。其为不同的解释留出空间，但如果我们必须以标准或者指标去看待这些支柱，这个所谓的灵活度，就会变成一个问题，而我们必须要了解他们的具体内容，至少是大致轮廓。

---

[1] 原文如下："（1）研究和创新中的公民参与度和社会行动者参与；（2）科学素养与科学教育；（3）研究和创新中的性别平等以及研究和创新内容中的性别层面；（4）开放获取科学知识，研究成果和数据的准入口；（5）研究和创新治理（包括伦理）。"

[2] 在［REB 16b］中进行了发展和更系统的反思。

第二，这个清单看起来是随意的、独断的。因此这里会存在一个问题，为什么会是这些支柱，而不是其他[EXP 15]？因此，我们应该在这个清单上扩展两个"附加方面"：可持续性与社会正义。

第三，不管它们有多么值得称赞，列入这些要求却是没有道理的。然而，关于政治理论的讨论确实存在，尤其是在更广泛的公民或受影响公众的合法性讨论中。在下面的章节中，我们将探讨负责任研究与创新学术著作中的一些辩论，它们提供了三个参与的理由。

第四，这些支柱的次序不一样。参与、治理和开放性的优先级更高，以确保合作能够在性别平等、科学教育和道德规范实质化的情况下进行。例如，性别平等很可能是伦理审查中伦理调查问卷的一部分。

第五，一些支柱间可以相互结合。例如，开放性的科学和科学教育就是这种情况。换句话说，参与涉及开放性的科学。同样，治理可以包括和涵盖其他支柱。这是报告[EXP 13]作者使用的方法，与罗伯特·詹尼[GIA 16]相反，他认为伦理治理是整个系统的基石。

让我们从利益相关者的参与开始，逐一审视这些支柱。事实上，与伦理审查相比，它不仅是最具创新性的支柱之一，也是最大的破坏者之一。因此，我们应该更加重视它。

2.2.1 利益相关者的参与

由此，参与式技术评估似乎被列入研究的要求中。实际上，三十多年来，欧洲各国持续将"普通公民"纳入多样化的对象评估实验中。欧盟委员会规划负责任研究与创新计划时，有时会涉及利益相关者，有时会涉及公民。这些对象不一样，他们的责任也不同；这部分内容将在本书第 3 章结尾加以说明。因为更具包容性，参与其中的利益相关者对参与技术评估的关注并不新鲜，而普通公民的参与往往更具有说服力。特别是在技术评估（TA）的情况下［REB 05a, REB 05b, REB 06b, REB 06c, REB 10c, REB 11b, REB 11］。负责任研究与创新可以为这种关注提供解决方案——不仅包括受影响的公众和普通公民，而且包括所有利益相关者①。我们将在第 5 章中重点讨论负责任研究与创新的治理问题，以及关于组织这种参与式制度设计的可能选择。技术评估这个想法并不新鲜。例如，各国议会早已采纳了评估科学和技术选择的政府机关的建议。然而，国会办公室关于美国科学评估和技术选择的历史，总结了寻求科学与政策之间适当衔接的内部困难，这些政策甚至是更具包容性、参与性或审议性的政策。技术评估办公室（OTA）的主要职能是预估技术的潜在收益、危害以及它们带来的影响。尽管如此，技术评估办公室在 1995 年比尔·克林顿时期关闭了，这说明一个组织会由于其在政治与科学之间的模糊性而被取消，尤其是在技术上出于无偏见、意在立法等方面提供了长期预估的情况下，而这些机构是基于政策上的策略支持并推动的。技术评估办公室的命运反映了政治集团利用政治规则包括议会、联邦机构甚至是法院等限制科学事实的情况。

如果我们要反对"技术民主"或"环境民主"对这一概念的随意解读，那么参与，特别是以参与式技术评估的形式的参与，在欧洲科学与社会研究项目中发挥了核心作用，参与会引入一个

---

① 关于公众参与和讨论框架内的 RRI 介绍，见［REB 13］。

新的社会命题"科学与社会"。它也伴随着新兴技术伦理考虑向负责任研究与创新的转变，许多机构都专注于这个参与问题。法国国家公共辩论委员会（CNDP）[1]就是这种情况，它可以依据1995年2月2日法律第2条的实体法和1996年5月10日的实施命令为基础，以及2002年2月27日法律关于地方自治（类似地方自治）的延伸。它符合法国公众调查可以追溯到1810年的传统，以及调查委员在1976年以来不断地承认公众参与各种法律的条款。但值得一提的是，法国国家公共辩论委员会的起源应归因于魁北克环境公众听证会（Bureau d'Audiences Publiques sur l'Environnement, BAPE）的外来模式。

这看起来可能令人惊讶，但正式的评估机构，例如法国国家公共辩论委员会经常在不试图确定其合法性，也不知道确切的目标的情况下而实施参与式技术评估。法国国家公共辩论委员会的一位主要官员坦言："经过十年的运作，我们知道如何进行这些公开辩论。我们现在可以问自己为什么了。"

尽管确实需要创造力来组织这种参与，但它以多种形式分解。

"参与"在科学与民主间的关系中起着至关重要的作用。但是，参与式技术评估和负责任研究与创新并没有涉及民主，这是经常暗中使用的方式。当然，民主也并非无迹可寻。事实上，我们必须考虑时间和国情的不同。即使对于次要的选择，我们运作方式的变化通常也是缓慢和困难的。参与这样不同的两种逻辑，特别是像科学和社会那样分散的逻辑，或者仅仅是研究和创新，都需要大量的能量和创造力才能看得到成效。

---

[1] 参阅 http://www.debatpublic.fr/（2015年12月2日查询）。

让我们也来听听这些人的声音：他们认为我们不应当主导研究工作，或者破坏那些已经深度嵌入国际竞争的科学工作，并且一些研究项目由于行政监管要求和高度监督的束缚而无法自由开展。也许有人会反驳说，如果一个科研人员不仅必须解决与其专业相关的科学成果，而且还有涉及社会和经济的科学成果，为什么不同意承担更广泛的责任？这种担忧也有先例，发展有机产品的同时尊重公平贸易就是一例佐证。可以预见的是，这些期望避免了过度参与创新过程，以至影响到产品的商业化，从而致使这些产品最终遭遇高阻力并导致严重的经济损失。在第 3 章和第 4 章中，我们将提出一些方法来界定科学家或创新行为者的责任，以防止他们由于过度的限制而失败，但同时也要承认其社会价值以及社会贡献。

这一概念的合法性并不显著。由于其基于相当模糊的民主合法性，因而该问题鲜有人关注。在公众对技术存在争议的情况下，为什么我们不能直接向他们提出这些问题？即使我们可以，我们有多少人能够对这些问题进行直接的交流？我们只能派出在人口统计中的代表或者法律上的代表吗？——这两个副词反映了两个问题：前者要求有足够大的数量以至于能够在辩论中起到对抗性的作用。可如何才能够实现这么大数量的人员参与？而后者则需要立刻表明这些人比其他人更合法，且说明选中的理由。如果不直接回答这些问题的话，就要花费近三十年的时间在评估技术的社会政治"风险"上争论，而这样的事情通常会在诸如本地或欧洲议会这样进行整治讨论的地点进行。

"参与"在近十年间多次被用以处理那些多样化的、至关重要的、缺乏乃至蔑视民主的问题、对争议性技术的评估以及有着复杂相互作用的民意测验。我们绝不会去批评拒绝参与，因为这往往有失公允，我们建议其只作为最初步骤。其形式和评估包括需要解决的问题，其中一些是理论性的，尚未得到解决。例如，我们如何进行跨学科的集体评估？作为解决上述多种问题的方案，仅仅倡导参与是远远不够的。而组织者最为关心的问题是制定程序的人的关注点，程序中必须提供公平的合作规则。如果这种合作对于参与是必要的，那么这对评估并不意味着什么。因此，提出诸如"为什么参与"和"如何参与"等问题非常重要。为了达到"何种程度的质量"？这是因为我们拥有超过三十年的参与式技术评估经验——主要是在欧洲，并且解决了理论问题。

有了参与，情况将截然不同。我们在第2章第3节中分析负责任研究与创新中的学术著作时会得到相同的结论，是时候基于一个新的责任关系去调查。这一要求不仅是科研人员的警告，而且如果我们想要促进和认可参与并将其制度化，那么现在是搁置有时有害且无效的实验的时候了。

也许有人会反驳说，如果一个科研人员不仅会获得与其本学科有关的科学成果，还能够得到涉及社会和经济的科学成果，为什么他们不同意承担更广泛的责任？这种广泛参与的主要原因之一是伦理上的。伦理不仅仅只是空谈，而是在整体过程当中体现的同样出自这样的伦理动机，应当激发人们对二次评估的广泛关注，这往往伴随着民主合作标准。为了更好地理解参与问题，弥补与参与要求有关的这一理论差距，本章将继续提出协商民主理论的一些维度，这些维度可能与责任的分配有关，同时这也是目前负责任研究与创新方法研究中忽视的很大一部分概念。

2.2.2　性别平等

在这里，所有涉及女权主义和扩大妇女参与政治的理论的著作，都应当被利用起来，引起以关于负责任研究与创新研究中如何有利于性别问题的讨论与认识。例如，欧洲妇女与技术中心（简称ECWT）的行动和研究[①]。欧盟委员会试图在该组织的研究成果中扩大性别平等，并承担其中的责任。这种平等在参与中应当是具有强制性的。这是一种确定性的措施，应当设置参与程度的限制以实现观念的不断修正。在这里我们应注意到这样的事实：从组织制定规则的表现来看，包括薪水和层次性责任，大量的研究表明了对女性的不平等。

但是建立起一个参与度的标准一定是存在争议的，哪怕我们希望在50%的事件中得到完全的平等。一方面该标准可能形成某种强制性规则，还有可能来自于雇主的偏见；而另一方面，该标准的制定可能会损害平等待遇，例如性别的差异可能会造成一种情况，即在另一个候选者能力差不多的时候，会有某一人提前锁定该岗位。

该支柱的第二个方面更具有现实意义。它要求在研究的选择时考虑性别问题。这包括从一系列问题，例如妇女特有的疾病或不适，直至在为汽车碰撞测试假人进行设计时考虑到性别差异。欧盟委员会为这一支柱推荐的报告之一给出了这个例子［SHI 13］。

在流程和实质上促进性别平等是欧盟委员会的功劳。然而，人们可能会惊讶地发现，例如，欧盟委员会处理伦理问题的机构被称作"伦理与性别"。这两个概念看起来似乎并没有交集，因

---

① 见 http://www.ecwt.eu/en/home（2015年12月2日查询）。

此这里的"伦理"显然是一个更大的概念。

最后提出的问题是要搞清楚为什么应当去考虑性别平等的问题，而其他领域的研究中，仅仅提到这些观点而没有进行深入的研究，是否不太合理。

性别报告的最后一个例子［SHI 13］表明，从医学上的差异性来看，应当强调考虑男性和女性之间的身体和心理差异。即使在女权主义的流派中，差别主义者和普遍主义者也表达了他们的分歧。

最后，这个支柱似乎将性别降低到性。如果我们还没有阅读任何关于性别理论存在矛盾的领域有关负责任研究与创新工作的内容，那么欧盟委员会的文件会对性别和性进行区分甚至分离。

这一性别平等的支柱在许多方面值得称道，它们在解释和审议方面提出自己的观点。同时，性别平等应当置于一个可随时代更新的理论框架当中，而不是像一个时尚品牌，没有制度与规范，同时缺乏自我更新的能力。

2.2.3 开放性科学

开放性科学的概念可以有多种形式，从知识的有限共享，特别是公共基金资助的研究，到协同创新。

例如，欧洲项目致力于与社会、利益相关者、决策者和公众一起制定价值政策并考虑应用各种先进的技术方法，从信息通信技术到协商会议或者电影。每个项目都开发了各自的网站并反映其持久性。

在线所有类型的开放档案都朝着这个方向发展。然而，科学出版商出现了生存问题。

这种需求的一部分是可以免费获得软件（开放接入软件）或

平台（权利或成本）的社区[1]。但是其中的一些走得更远，例如欧洲官员和哲学家勒内·冯·朔姆伯格（René von Schomberg）将其定义为一个透明的过程［VON 13］。然而，在与私营企业合作的情况下，透明度有其局限性，即可以保护他们的一些知识，以确保他们的持久性，并使他们能够再次投资。这些有时限的专利是伴随着知识产权的这种保护形式。

其他类型的考虑因素表现在透明度可以被视为某些研究的障碍。洛桑大学科学和体育运动研究所的这个项目就是这种情况。这个项目旨在帮助打击兴奋剂并研究自行车赛车手的训练。尽管得到了国际骑行者联合会（ICU）的支持，该项目的接受度和透明度可能成为国家报纸的头条。一些大团队通过他们的律师代表，要求科研人员不要发表他们的成果[2]。

为维护各方利益和保证必要的透明性，应引进各合伙人协商之后的修正条款。同时，这也表明，在国际三大自行车队的终极需求背后，大量媒体报道的各种比赛组织者之间相关转播权，以及国际骑行者联合会的影响中存在着这样的平衡[3]。

考虑到各方需求的不同，研究本身就是一个竞争但又离不开协作的过程。研究首先是一个协作过程。这种合作是国际性的，它存在于全世界的科研人员间。此外，科学报纸的作用之一是传

---

① 例如，请参阅开放科学计划：http://www.openaccessweek.org（2015 年 11 月 10 日查询）。

② http://www.lemonde.fr/cyclisme/article/2015/10/21/dopage-le-peloton-se-divise-sur-lechemin-de-la-transparence_4793840_1616656.html（2015 年 12 月 2 日查询）。

③ Alexandre Grothendieck 的批判给了我们思考的机会。他是所有时代代数几何的激进改革者中最强大的数学家之一，菲尔兹奖获得者（1966 年），在拒绝了一些奖项如 Crafoord 奖并退出了学术界之后，他留下了一些怀疑。见［GRO 86］。

播彼此的成果。很多科研人员赞成合作而不是与同行竞争。部分欧洲项目还旨在鼓励各国机构之间的合作研究，从而参与创建欧洲研究时代。而且，即使主导的思潮——至少对于高校而言是全国性的，不是像欧洲那样，而对于像美国这样的大国来说情况并非如此。

除了科研人员的领域之外，协作研究还招揽了各界合作伙伴，有时还会面向业余爱好者。让我们来看看私人海员在海洋中采集的纲要和植物图片、鸟类数量、废物或浮游生物，以及Tara[①]等研究项目，该组织从十年前开始组织纵帆船探险，以研究和了解气候变化对我们的海洋的影响。社区正在开发各种信息通信技术工具来鼓励这种合作，例如，**新一代互联网基金会**[②]。今天，各种创新合作即将到来，需要分享研究和开发成本，这对于开放性科学是有利的。因此，这一支柱已经付诸实践，并以几种不同的方式跟进。

2.2.4 科学素养

EC 使用的英语单词是"素养（literacy）"，它可以被理解为"教育（education）""敏感化（sensitization）""大众化（popularization）"或者最好依然是对当前的——甚至是未来的——科学与技术研究的"宣传（dissemination）"。这项活动不仅被学校、媒体或博物馆所重视；越来越多的科研人员的一部分工作逐渐地落实到这个目标。它还为各学术机构提供评估空间，当然，与研究和教学相比，这些评估并不那么重要。

---

① 见 http://oceans.taraexpeditions.org/m/qui-est-tara/（2015 年 12 月 2 日查询）。
② 见 http://fing.org/?-Projets-（2015 年 12 月 2 日查询）。

这个支柱似乎超越了开放性科学的原则，因为它旨在促进公众对科学研究的理解。公众理解是科研人员在负责任研究与创新上了解所有研究细节问题的先决条件。不过，科学教育促进者可能会认为，如果公众舆论反对某些研究，最坏的起因是缺乏信息，最坏的状况是偏见。法国关于农业和食品转基因生物第一次召开的公民会议声称"将公众争论带到了正确的起点"［REB 11a］。

然而，首先应该区分那些对相关技术一无所知的人和有一些思考的人。后者在遭到反对时几乎没有改变他们的意见，并怀疑他们有意见的研究可以用不同方式呈现，无论是核电还是转基因生物。其次，如果科学通常以稳健为基础达成共识，那么它也会以争议为动力而取得进展。这些争议不仅是内部的，而且是可以公开进行的——通常会引发健康风险评估问题的争议。专业工作将把对争议的分析纳入考虑范围［ENG 87, RAY 03, BER 07, REB 11］，就像对学术界那样①。在科学教育的框架下，我们不能仅满足于展示或交流新技术或者赞美美好的预期，还要考虑这些争议。这些争议不应该因为充满困惑就成为借口再草草结束所有程序，应该在认识论和规范层面尽可能正确地记录下来。

如果公众理解科学和科学技术社会学领域出现大量的特别工作组（task forces），那么适用于负责任研究与创新的科学学习问题仍然存在。让我们回顾一下，在这种情况下，这种知识应该不仅能够使所考虑的案例在科学和技术术语方面得到理解，而且同样能够实现伦理教育。这里可以在第 1 章中提到的伦理学和论证

---

① 像国际争议研究协会一样：http://iasc.me（2015 年 12 月 2 日查询）。

方式的背景下理解。对这一问题的持续关注——这同样是重要的——可以紧随其后。

2.2.5 治理与伦理

然而上文提到的最后一个支柱的措辞演变已然发生。在［EXP 13］报告中，我们提出："治理（包括伦理）。"这第一个构想提出了不同的问题。

首先，为什么要将伦理放在括号中？这是否意味着人们应该想象包括伦理的治理涵盖研究和创新的范围？在这种情况下，人们最好知道（研究和创新的）伦理治理是什么。我们也可以询问伦理和其他领域的治理是什么，不管他们是来自什么样的研究领域还是他们来自什么类型的学科，都应明确地表示召集治理还是不召集治理。这是可以想象的，因为有相当一部分政治哲学优先考虑伦理合作模式，并以某种方式加以处理。这个立场值得商榷［REB 12a］。人们不能将关于伦理问题的讨论视为难以治理的，特别是被误解的多元主义为代表。

其次，相反来看，人们可以重视治理中的伦理准则，支持伦理治理，如罗伯特·詹尼［GIA 16］，或者像佛罗伦萨、厄瓜多尔［QUI 05a，QUI 05b］这样的审议治理①。实际上，伦理可以搭配社会或政治来组合应用。但这不应该是导致我们忘记对外部世界的伦理（例如外部对象和外部环境），就像中庸伦理一样。同样，当需要对伦理进行限定、证明和实施时，第1章讨论的伦理水平问题仍然是完整的。

再次，伦理在问题的广度和深度上都超越了治理。从这个角

---

① 有关批判性讨论，请参阅［BER 16a］。

度来看，人们不需要接受伦理治理衰退的时代。因此，对于**伦理**原则，我们可以将第 1 章第 2 节的要素、层次、理论和基本因素重新引入。

治理也不能仅仅是监管。今天我们的治理模式涉及不同的人口，可以为人们提供相同的操作空间，就像我们在参与式技术评估中所说的那样（第 5 章）。正如马克·马斯查尔克（Marc Maesschalck）在同一套书中提及或像法律哲学家雅克·勒诺布勒（Jacques Lenoble）［LEN 03，LEN 10］证实的那样，治理可以具有很强的反身性（reflexive）。

也许由于这些疑虑，伦理现在被作为 H2020 计划的单独支柱［EXP 15］。该报告对支柱的顺序和名称进行了修改：（1）治理（2）公众承诺（3）性别平等（4）科学教育（5）开放性进程/开放性科学（6）伦理（7）持续性（8）社会正义/社会包容性。

2.3 ｜ 负责任研究与创新（RRI）各支柱间的关系是什么

在回顾了各种支柱并就其释义提出问题成为其在研究和创新项目中实施的先决条件之后，我们现在可以看看他们之间的关系。实际上，我们可以用不同的方式做到这一点。

（1）当我们强调支柱之间可能存在重叠时，我们也可以看看可能存在的张力，甚至是它们之间可能存在的矛盾。例如，我们该如何促进开放性科学（对利益承担者的一种限制）并限制利益承担者的参与？我们暂且忽略矛盾，先看看趋同的类型。（2）负责任研究与创新可以理解为需求的积累，这是因人而异的。（3）相反，它可以想象将所有这些要求之间进行结合，甚至是互补性。应该这样做：将研究设为一个开放的知识体系，对利益相关者进行教育，科学和伦理方面以及性别关系平等。（4）我们可以复制关于指标［EXP 13］的专家报告的例子，甚至是优先考虑伦理治理的罗伯特·詹尼［GIA 16］作为重组负责任研究与创新的支柱。其他支柱可以居于领导地位，例如，参与优于技术专家治理。（5）更复杂的中间版本要求每个支柱都能满足其他所有支柱的要求。例如，我们可以通过参与来质疑科学开放和教育、性别平等，治理和伦理，然后站在伦理以及其他各个支柱的角度对参与、科学开放和教育、性别平等和治理等做同样的事情。（6）在第四种选择的延伸中，我们可以提出以下有关治理的问题：每个支柱应该有治理吗？或者，是否应该对所有支柱进行统一治理？或者更好的是，是否应该有许多类型的治理，以便所有这些治理结合在一起吗？

负责任研究与创新的第一个定义，即勒内·冯·朔姆伯格［VON 13］的定义是关于支柱之间的一类或两类关系：

负责任研究与创新是一个透明的互动过程，通过这个过程，社会行动者和创新者彼此相互反应，以期创新过程及其可销售产品的（道德）、可接受性、可持续性和社会需求（为了让科学技术进步合理地嵌入我们的社会）。［VON 13, p. 63］

然而，这个概念只是多种可能之一。在过去几年发展起来的学术文献中出现了许多其他负责任研究与创新概念，这些概念侧重于条件而不是支柱，甚至根本没有提到支柱。

2.4 | 研究中的负责任研究与创新概念

逐渐增多的负责任研究与创新的学术文献依旧尚未普及。在作为这一概念的理论基础的各种路径中，可以引用阿明·格伦瓦尔德（Armin Grunwald）[GRU 11, GRU 12]，理查德·欧文（Richard Owen），杰克·斯蒂尔格（Jack Stilgoe）和菲尔·麦克纳顿（Phil Macnaghten）[OWE 12, OWE 13b, STI 13]，大卫·加斯顿（David Guston）[GUS 14]，勒内·冯·朔姆伯格（René von Schomberg）[VON 11, VON 12, VON 13]，克里斯托弗·格罗夫斯（Christopher Groves）和亚勒克斯·格林鲍姆（Alexeï Grinbaum）[GRI 13]，希拉里·萨特克里夫（Hillary Sutcliff）[SUT 11]或者由欧盟委员会专家组所发表的关于欧洲负责任研究与创新的一份报告[EXP 13]。

尽管他们的侧重点不同，然而这些作者中的大多数观点都基于共同的建议性基础来确定责任。这些建议属于一种程序主义，可以根据某些条件确定研究和创新过程的"责任"质量。然而，一些作者对研究和创新所致责任的程序性的决定更加关注。在这种情况下，不仅仅是研究和创新过程可以确定责任，研究过程最后达成的目标也被考虑在内。例如，可以引用勒内·冯·朔姆贝格的方法[VON 13]，该方法根据符合欧洲标准的《里斯本条约》（Lisbon Treaty）或隆德宣言（Lund Declaration）作为文本支撑，对负责任研究与创新进行分类①。

我们需要明确的是，我们反对的并非"程序主义"这个词，而是"本质主义"。实际上，程序主义方法（例如回应性或反思性）提出的一些条件动员了个人和组织的美德，并且包含了一个重要的维度，即非正式的规范性规定。各种负责任研究与创新理论的不同之处在于，为了捍卫责任准则而动用的理由类型存在差异。一些路径［特别是 GRU 11，GRU 12，OWE 12，OWE 13a，OWE 13b，STI 13，GUS 14，FIS 13］特别坚持研究和创新过程的质量，而其他人［SUT 11，VON 12，VON 13，GRO 13，EXP 13］增加了一套这些过程应该导致的规范性结果（性别平等，面向充分就业和社会进步的竞争性经济）②。

笔者前一段考察了欧盟委员会所提出的负责任研究与创新方法，其中与进程（例如知识的自由流通）并行，从而导致了研究和创新也很重要（特别鼓励性别平等）。因此，在本章的第 2 节中，我们将集中讨论负责任研究与创新学术方法的程序方面，即研究和创新的发展进程应该实现的条件，以便被称为"负责任"。在这里，我们将考虑各种条件进行分析性演示。对于作者的介绍，请参阅案例［GIA 16］。

---

① 在这里，我们并未确认《里斯本条约》所载的价值行为是否有效且总是像一个共同的规定性范围，特别是因为该条约的批准程序未经某些成员国的公投投票而受到质疑［GIA 16］。我们只是强调这样一个事实：根据 von Schomberg 的观点，它应该像这样一种行为，就像一套影响和控制研究与创新社会行为者决策的标准，并且在事实中起到部分作用。

② 《里斯本条约》第 2 条，地址如下：http://www.traite-de-lisbonne.fr/（2015 年 12 月 10 日查询）。

2.4.1　负责任研究与创新的条件

不同的负责任研究与创新方法取决于其各样的侧重点，即各种侧重点相对不同的责任或责任条件。但是，对于一些近似的术语差异而言，它们在五个条件上具有一致性。[①]

透明：作为欧盟委员会支柱之一，第一个负责任研究与创新条件涉及与研究和创新过程相关的信息，这些信息必须自由传播并为最开放和最广泛的讨论提供信息［VON 13］。如上所述，勒内·冯·朔姆伯格将研究和创新的责任描述为一个透明的过程，通过这个过程，社会行为者在研究和创新的伦理可接受性方面变得相互负责［VON 13］。因此，这种情况意味着技术和科学发现，对社会和环境可能带来正面或负面的影响，或者更好地评估研究和创新的过程，（因而）以一种有助于进行有效讨论的方式应该能够被各种社会参与者所接受。

预测：其次，在各种版本的技术评估框架内（例如，参见［BEC 92，CAL 01，FUN 92，JAS 03，GIB 94，NOW 01］）重复出现受到支持超过五十年的想法，对新兴科学技术的评估以及与之相关的决策应该导向一个预期过程［GRU 11，HEL 03，OWE 12，OWE 13b，STI 13，LEE 13，GUT 14，NOR 14］。这些过程取决于两个重要部分：首先是风险评估，其中包括一系列所有传

---

① 欧文等，［OWE 12，OWE 13b，STI 13］一个引用与评论最多的方法，区分了RRI 的四类条件或要素。根据冯·朔姆贝格，在这些关于RRI 定义的文献里，再增加一条"透明性"，就会变成五个［VON 13］。在 B. 斯塔尔，G. 艾登 和 M. 伊罗特卡［STA 13］那里，同样区分了RRI 的四个条件，即四个 P，产品、过程、目的和人。然而，这些条件存在于不同的层次（三个对象和一个目标），它们的定义不明确（例如，"人"是什么？）。并且，这四个条件不是RRI 特有的，它们没有任何认知特性，只是描述了责任。

统技术，使我们能够想象各种可能性并给出概率。但是，也需要预测——在这里可以看到当代科学的社会学和批判哲学的影响，例如［FER 91，JAS 03］——一个更开放的话语活动，其目标是对可能情境的集合阐述包括制定相应的规范。这些基于各种描述或叙述的集体思想鼓励道德创新，并且大多数都含蓄地表达了允许新技术不同层次的复杂性传播［NOR 10，GUS 14，ROB 13］。实际上，探索哲学允许潜在机遇或出路、新技术的正当或不当行为，与这些技术传达出或引起的，以及那些为支持或质疑它们演讲的观点所捍卫的各种世界观相联系。这种类型的活动是一起构建共同规范视野的第一个重要阶段［GRU 10，SEL 07，NOR 14］。它有助于创建规范体系，尽快支持新兴技术的发展，以避免因为没有充分规范性讨论而造成的技术产生后的反作用。

包容： 第三个条件与前面和下面的条件相关，也重复了上述参与式技术评估领域中重要的一个主题，并回应了欧盟委员会关于负责任研究与创新的第一个支柱——社会利益相关者的参与——在本章开头有述。因此，负责任研究与创新的所有作者都以这样或那样的方式坚持有必要尽快将公民或各利益相关者纳入研究和创新评估（的想法）［MIT 03，GRU 11，GRU 13，SUT 11，EXP 13，GUS 14，OWE 12，OWE 13b，STI 13，STA 13］。然而，这些作者在界定集体过程——"参与""审议""对话"的方式上有所不同——通过这种方式支持和管理研究与创新的发展，其方式包括各种利益相关者、决策者、投资者、研究和创新行为者、非政府组织和民间。在 2.4.2.2 节中，我们将看到这种包容性在负责任研究与创新文献中提出的具体问题。

回应：第四个条件，通常被称为回应性，是个人或系统［FIS 06］适应不断变化的环境的能力［VON 12，VON 13，EXP 13，OWE 12，OWE 13a，STI 13，GRI 13］。这种情况，格罗夫斯（Groves）也谈到［GRO 09］作为"即兴创作"的能力，与凯尔蒂（Kelty）［KEL 09］和范·登·霍温（Van Den Hooven）［VAN 13］分别支持的**设计**或**价值敏感性设计**的安全思想相呼应，或者在可持续发展背景下提出的"韧性"（例如［PIS 12］）。

根据个人主义的方法，这个条件假设通过言语和行动联系各种科学行为者，他们应该**回应**他们的**共同期望**。具体而言，这意味着，例如，企业应该超越利润考虑（和股东的利益），并愿意接受非政府组织［VON 13］等其他参与者的要求。后者应该接受对话，并根据解决这些问题的条款来考虑技术利益的事实／任务。因此，个人的理解和回应能力对于这个条件很重要①。

但这种回应性条件也可以应用于整个系统［OWE 13b］。从而，它与治理和**制度设计**的反应保持一致，后者反映了批判的声音融入反思和决策过程的方法（例如［WYN 93, JAS 03, STI 08］），以及更一般地反映在通过规范性冲突和不同利益冲突可以超越的集体逻辑论证。这个条件确保了研究和创新过程的认知质

---

① 欧文等［OWE 12, OWE 13b, STI 13］，最被引用和评论的方法之一，区分了四个 RRI 条件或组成部分。通过增加对透明度的需求，可以使它们成为五个，特别是由 von Schomberg［VON 13］支持，这是 RRI 文献中的另一个关键参考，特别是它给出的定义。在另一个登记册中，B. 斯塔尔，G. 艾登和 M. 伊罗特卡［STA 13］的方法同样区分了四个 RRI 条件，四个"p"：产品（product）、过程（process）、目的（purpose）和人（people）。然而，这些条件存在于不同的层次（三种类型的对象和一个目标），它们被定义着（例如"人"是什么？）。最后，这四个条件并不是 RRI 所特有的；他们没有指出任何认知上的特殊性，只不过是他们描述的责任。

量，它确保在研究和创新管理中考虑新参数以及这些参数的变化（科学发现，政治或法律背景的演变，价值的演变）。也就是说，这意味着在教条主义立场的影响下，确保"坏"决定或"坏"方向不应持续太长时间。在第 2.4.2.2 节中，我们会看到一些提出这个充满希望条件的问题。

反身性：负责任研究与创新文献支持的最后一个条件还依赖于一系列能力——可以说是一系列的优点——个人和系统的品质，使个人或组织（或组织网络）能够质疑他们制定规范性视角的框架。从认识论的角度来看，这种情况再次依赖于一系列关于科学与社会之间关系的批判性工作（例如［BEC 92，WYN 93，JAS 03，RIP 06，VOS 06，STI 08，VAN 14］）。这些作者认为，行为者（决策者，科学利益相关者，组织参与性或审议性方法的机构）[1]定义科学技术发展框架的方式是行之有效的，并且对解决问题方案的质量有一定影响。

在负责任研究与创新文献中，不同作者定义反身性的方式存在一定差异。例如理查德·欧文，杰克·斯蒂尔格和菲尔·麦克纳顿［STI 13，p.1571］认为，在体制实践层面，反身性意味着"用镜子反映一个人的活动，承诺和假设"。他们意识到问题的"框架"是特殊的而不是普遍的。根据我们的观点，镜像隐喻是不恰当的，因为它似乎意味着规范观点可以通过工具（镜子）"客观地"反映出来。事实上，反身性意味着一个人通过对其自身特有的视角认同从而实现的"离心性"，并最终使用其他规范框架来进行领会/评估。

---

[1] 如法国国家公共讨论委员会（CNDP）。

在第七个框架计划（社会科学）[①] 中资助的欧洲项目——GREAT（Governance for Responsible Innovation，负责任创新治理）中提出了一个更加详细的反身性概念。受到马克·马斯查尔克和雅克·勒诺布勒［MAE 01，LEN 03］的作品启发，该项目提出了第二阶反身性的想法。首先，它表明了个人能力，归功于哪些社会参与者所为：辨别他们的判断的隐含框架（例如，使他们能够识别他们将被视为"问题"的那个）以及通过与框架不同的其他行动者进行对话来审查这一框架。学习动力是在对话中产生的，这种对话产生了能够形成可理解和可审查规范观点的反身行动者。这些动力可以传播到系统并导致形成反身治理。这种情况不仅要求个体在共同的规范视野与承受冲突的规范体系中进行共同建构，而且代替获得某些情境的共建，即得到对于一个问题某种公认详尽阐述的相关参数[②]。这两个层次的反身性并不是我们唯一可以想象到的[③]，但我们目前先到此为止。

2.4.2　一个负责任研究与创新的研究纲领

我们提及的负责任研究与创新文献是最近的。对负责任研究与创新的批判同样是最近的，目前也很少有最新的文献。其中，人们可以提及文森特·布洛克和皮特·莱门斯［BLO 14］或沙维尔·帕维及其同事［PAV 14］关于负责任研究与创新在工业

[①] http://www.great-project.eu/（BR delete space below）。

[②] 见：［GRE 13a，GRE 13b］可从以下网站获取：http://www.great-project.eu/research/deliverables（2015 年 12 月 10 日查询）。

[③] 在更大视角的反身性中，我们必须将我们在第 1 章中所区分的水平与实践伦理，规范理论和元伦理以及描述（预测）和规范性之间的相互关系进行整合。此外，我们需要组织个体反思和集体反思。因此，我们返回［REB 12a，REB 13b，REB 16］。

创新特定背景下应用的作品，米歇尔·凡·奥德赫乌登（Michiel van Oudheusden）的文章［VAN 14］关于战略行为在审议过程中的作用或罗伯特·詹尼的作品［GIA 16］关于责任与自由之间的联系，它是与我们工作相同的一套书里的重要内容。

但是，有一个问题没有得到应有的重视，那就是关于负责任研究与创新理论中参与或审议方式的探讨。一般来说，正如我们所看到的那样，作为研究和创新责任出现的必要条件利益相关者"包容"的"集体"过程［MIT 03］或"对话，参与或讨论"［OWE 12，OWE 13b，STI 13］的过程提出方式很模糊。然而，包容、参与、对话和审议的具体过程从未被考虑或发展过。就是说，我们将看到作者并不总是清楚地区分各种概念。

2.4.2.1　对负责任研究与创新条件的批判

首先，正如我们在绪论中所强调的那样，提出将公民或利益相关者纳入研究和创新发展过程（的观点）直接源自20世纪60年代对于治理模式出现的批判。在这些模式中，专家和政策制定者没有将公民或利益相关者的建议纳入决策过程，因而是不合法的且低效的。然而，让在发展进程中研究与创新"活跃"的参与者直接或间接地影响社会成员的意愿提出了一个旧问题，即20世纪60年代已经提出了政治理论思想［BOH 98］。在科学和技术管理的背景下进行转换，这个问题可以表述如下：更民主的研究和创新治理能否导致在规范性条件下取得更充分的结果吗？换句话说，研究和创新产品是否因民主流程而产生更多的道德标准（例如，与自上而下的治理相比）？负责任研究与创新文献通过修改一些术语来回答这个问题——因为我们在导论中提到过——基于**伦理**卓越的目标，我们转向责任要求。因此可以提出这样一个问题：**责任**（即这种最高程度的规范性卓越）是否出现在尊重上述五个条件的研究和创新过程中？如果有，那是怎样的？如我们所见，这个问题既是理论上的，也是实践的。

但是，如果负责任研究与创新文献对条件的理论依据给出了一些回应的要素，那么使条件得以应用的具体机制仍处于初步阶段。例如，正如本章第一部分所述，透明度条件可能会在产业创新的背景下产生若干实际问题，在产品生命周期的各个阶段需要保密，特别是在其概念构想期间［BLO 14，PAV 14］。为了将透明性的条件有效地转化为更负责任的实践，则应该将这种条件视为一种复杂情境中的规范，考虑到各方（例如企业，公共机构和非政府组织［NGO］）的利益冲突并将这些都包括在规范［LEN 03］的阐述过程中。目前，负责任研究与创新文献还没有思考通过企业、研究机构和其他利益相关者诱致的最终规范性融合机制。

对于反身性条件也是如此。在该要求提出的众多实际问题中，测量或评估问题占据重要地位。如何确保研究与创新过程的各个利益相关者获得并使用上述反身性能力？在个人层面，它是一种能够衡量或评估的能力（因为人们可以通过他们的培训，履历和生产力来评估工人的专业能力）吗？如果是，它是怎样的？在参与或审议过程中，如何理解一个人思想框架中的个体意识，并考虑其他人的？我们稍后会看到，审议理论（TDD）提出了评估审议质量的具体工具（并隐含地反思其程度）。但是，这些工具基于话语分析，在利用参与性工具，如小型公众、共识会议、研讨会、论坛、公民陪审团的研究和创新情境中，资助机构（法国国家研究机构或欧盟委员会）能够了解与工程相关的社会行为者的反身程度，以调整运营融资方式的手段是什么？从系统的角度来看，如何理解行为者或组织网络的反身程度？在我们看来，负责任研究与创新目前应该研究的一个重要方向是试图为这些问题提供答案[①]。

在不同的语域中，反身性条件同样成为问题。没有能够确定"好"的标准或任何其他规范目标的规范性范围（例如，要避免的恶），适应性和反身性可能是无用的。人们可以在不确定采取正确方向的情况下改变方向。规范的"指南针"是必要的（尽管隐喻有其局限性）。

人们也可以不断地适应并错误地坚持。例如，大多数碳氢化合物企业通常将天然气作为"清洁"能源提供，其排放的温室气体比煤油和木炭少。因此，它成为"能量转型"的一个基本要素，即实现"低碳"和能源清洁。然而，环境非政府组织[②]对这种热情提出质疑，并强调其开发可能造成的问题（例如，尼日利亚的道达尔案），而且从页岩中提取的天然气的使用比煤油或木炭污染更严重（当需要时考虑所有参数）。在巨型石油天然气公司应对这些方面的问题——包括环境主义沟通和公众舆论的压力以及资源稀缺（化石能源的不可再生特征）所造成的限制，已有战略性调整的回应。但是，这种回应不确定是不是负责任的。

---

① EC 已就这些问题发起了一系列招标，并已如本章第 1 部分所述，于 2015 年 6 月发表了一份题为"促进和监督负责任的研究与创新的指标"的报告，然而，我们强调其局限性。该报告可在以下网站获得：https://ec.europa.eu/research/swafs/pdf/pub_rri/rri_indicators_final_version.pdf。

② 在法国，人们可以引用 Les Amis de la Terre（地球之友）和 l'Observatoire des multinationales（多国天文台），其发布的报告可以在以下网站获得：http://www.bastamag.net/IMG/pdf/cr_total_bd-2.pdf。

为了作出判断，在这里，有必要建立一个能够为善（或第1章中引用的任何其他规范性实体）制定标准的理论，尤其是对于可归类为负责任的那些实体而言。负责任研究与创新文献提供了两种主要的响应类型，它们通常相互关联。一方面，[OWE 12，OWE 13a，STI 13，GRI 13，GRO 09，GRO 14]，他们依赖美德伦理学。在这种情况下，创新行为者的美德结合了反身性，诚实、科学严谨或应对其他人需求的能力。根据格林鲍姆和格罗夫斯[GRO 09，GRO 14，GRI 13]的观点——其观点得到了欧文等人的回应[OWE 12，OWE 13a，STI 13]——这些美德是基于对他人的关注（关心），以确保我们的利益与他人利益相平衡，基于考虑到脆弱的人类和非人类（例如，后代）的利益，同时基于我们自己的伦理问题与关于我们行动意义和目标的外部对话相关联[GRI 13，p.136]。

这些方法在美德伦理学的背景下或多或少地表现出来，取决于一种本质善的概念，这种概念是由内在的智慧所发现的。这里基本接近亚里士多德的伦理学。但是，为了延长对与其背景相关责任规范发展的反思，我们也可以考虑约翰·杜威的实用主义及其与质询的关系，包括这些参照所暗示的政治后果：通过经验和教育来学习美德，以及通过适当的体制机制培养这些美德的必要性[1]。这一观点具有一定的优势，正如我们将在第4章中看到的那样，在责任的各种意义中，应当提出责任作为美德占据着重要地位。然而——这是针对美德伦理学或关怀伦理学[2]的传统批评——这种对善的含义的确定性准则与当代社会的规范性异质性

---

① 见[PEL 16b]。
② 第4章简要回顾了这一批判。

并不完全一致，因为社会成员的价值体系在不同方面存在差异或相互冲突。

鉴于上文，负责任研究与创新作者提出的第二个进程共同定义了善与建构主义的关系[1]［GRU 11，OWE 12，OWE 13b，STI 13，SYK 13，VON 13，GUS 14］。通过将公民和利益相关者纳入集体过程，善的准则得以彰显（即负责任研究和创新发展）。然而，问题才刚刚发生转变，即现在需要仔细审查参与、对话、辩论、承诺或包容能够产生出的适当责任准则机制。

2.4.2.2　参与不是审议

负责任研究与创新理论是如何——事实上，他们对此并不清楚——在包容过程中进行构思的？如何构思参与和审议？

2.4.2.2.1　包容性动机

从理论上讲，各种负责任研究与创新方法提出部分论据以捍卫技术评估，更准确地说是参与式技术评估［REB 06b］。这里可以提出三种类型的论点。

首先，包容的进程具有启发性价值［FER 91，FER 02］，使其能够从规范的角度阐明个人价值观和利益，以及他们认为适当的目的［NOR 10，GRU 11，STI 12，OWE 13b，GUS 14，SYK 13］。各种创新行动者之间的互动应该引起对技术目标（社会科学）的反思，包括社会成员抵制的以及他们期望的［OWE 13］。就像亨利·S. 理查德森（Henri S. Richardson）关于审议的准则（欧文等人经常引用他们的作品）：

---

[1] 人们可以注意到，功利主义哲学（根据最大数量的最大福利定义了良好的标准，例如边沁），并没有被关于 RRI 的文献所使用。

伦理审议可以被理解为以认识为导向；就是说，它的目的不是为了实现一些可指明的目标，而是为了对我们应该做的事情产生正确答案。[RIC 99, p. 240]

审议被认为是一个错误的过程，它保证对集体的和多元评价标准，而不必具有认识论质量，从而产生道德上善的结果。在本章的后面，我们将看到审议理论如何使我们更好地理解这个问题。

其次，根据负责任研究与创新的作者，参与式和审议式的过程具有工具价值，因为它们提升了社会行为者对政治上的合法性和社会对科学技术的接受程度[OWE 13b, SYK 13]。利益相关者参与制定标准可以避免教条主义和先定的解决方案。此外，社会行动者更容易尊重他们在发展中所作出的标准。鼓励认同、解释、论证和重建标准的所有机制[FER 91]增加了确定价值观统一领域和减少规范性冲突的机会。此外，再次以纯粹的工具性视角，可以补充说，在声誉影响（例如，2015年大众汽车丑闻）或公众舆论（欧洲接收转基因生物的情况或干细胞讨论）可以减慢研究和创新或使其突然中断的背景下，包容性方法增加了技术在经济上成功的机会。

最后，包容或对话方法具有实质价值[GRU 11, GRU 12, OWE 12, OWE 13b, SYK 13]，它们利用这些价值[STI 05]，因为它们使社会价值体现在科学和技术中。价值观和个人价值体系获得了转化力，使其能够影响和塑造研究与创新的发展。

但是，仍有许多问题没有答案。首先，参与、审议和对话并不总是清楚地区分开来。在这些术语背后，这些集体性过程所指向的目标仍然模糊不清。这是一个收集最终利益相关者意见，而不必在最终决定中给予他们重视的问题，还是为了作出集体抉择而交换论点和讨论他们的问题？

一些作者，如 H. 萨克立夫（H. Sutcliffe）[SUT 11] 或欧盟委员会关于负责任研究与创新的报告已经提到 [EXP 13] 的作者，减少了参与咨询的过程。期望和明确的目标是满足社会需求，以增加社会对研究和创新的接受度，换句话说，揭示消费者偏好，从而提高经济效益，摆脱商业失败的威胁。然而，即使是在远远超出社会认可的作者看来 [OWE 13b，GUS 14，GRU 11，STI 12，SYK 13，VON 12，VON 13]，参与和审议也没有明确区分。

2.4.2.2.2　协商理论的"灵魂"

根据欧文等人的说法 [OWE 13b，p. 57]，审议是关于"对各种利益相关者的包容"。它对应于"引入广泛的视角"以"重构问题"，以及"真实地体现各种社会知识、价值和意义的来源"。就斯塔尔（Stahl）等人 [STA 13，p. 211] 或赛科斯（Sykes）和麦克纳顿（Macnaghten）[SYK 13] 而言，他们发起的公开对话 [SYK 13] 提出了各种条件，以确保公众对话的质量（考虑到其他问题的框架，并试图避免赞成和反对之间的讨论）。最后，罗伯特·李（Robert Lee）和朱迪斯·佩特（Judith Petts）[LEE 13] 提到了雷恩（Renn）等人的工作 [REN 95]，斯坦恩（Stern）和法恩伯格（Fineberg）[STE 96] 或 Webler 等人 [WEB 95] 关于技术风险的公民（非科学家）参与和信息的研究。在某种程度上支持了温恩（Wynne [WYN 91，WYN 92，WYN 93]）或者哈茨和卡普（Hartz and Karp）[HAR 07] 成为"集体智慧"以便"包括不同观点"[HAR 07] 的方式。

在所有这些情况下，将重点放在整合各种观点的概念上，使得对研究与创新发展的社会影响反映出社会的多元化趋势。但是，如果每个人都同意提出公开对话以及包含多种观点的必要性，那么整合和权衡这些观点应该采用的方式仍然不清楚。此外，公共对话并不总是导致审议，其目的不只是收集、表达和交换各种意见和论点，还要带来尽可能广泛分享的决策。这些决定意味着几种可能达成一致的方式，而不一定（通过）妥协［REB 11］。最后，参与和审议通常可以互换使用；反之，这两种机制可以相互敌对，比如说当过度的参与损害了审议质量的时候。

考虑到四十多年来当代政治理论为这些问题提供答案的事实，关于对话、利益或价值观与选择之间联系的这个未经考虑的问题更令人惊讶。以下几页试图通过回顾审议理论的某些重要方面来回答我们刚刚提出的问题，该理论可以为负责任研究和创新的文献提供信息①。

首先，非常简略的，审议可以被定义为辩论和讨论，其目的是"产生合理的，知情的意见，参与者愿意根据参与者的讨论，新信息和主张来修改他们的偏好。尽管共识不一定是审议的最终目标，并且参与者被期望追求他们的利益，但对结果合法性的理解（被理解为对所有受影响者的理由）理想地表征了审议的特征"［CHA 03, p. 309］。

其次，尽管存在一些差异，但是审议理论家们有一个共同理想：决策之前应该有一个过程，在这个过程中，公民或参与者以鼓励改变他们偏好的方式来交换他们的论点［LIN 11, COO 00, pp. 947—948, AND 07, p. 539, DRY 00, p. 1］。根据这一民主理

---

① 在这里，只提出几个要素。进一步阅读即将出版的出版物［REB 16a］，该出版物将努力提供更精确的答案。

想，决策应基于平等公民（或其代表）之间的讨论，提出的论据应根据价值来衡量［SET 10, GRO 10, SLI 00, AND 07］。它还认为审议应该选择参与者价值［ELS 98］。通过这种方式，民主审议应该鼓励尊重和相互理解［SMI 00, pp. 53—54］。在某种程度上，在审议的情境下，纯粹利己主义利益应该很难维持［MAN 10］。这一理论反对其他民主理论概念，这种理论强调谈判、偏好的集合或更具包容性的参与（参与式民主），因为它在讨论中对交换质量提出了更高要求。因此，审议理论捍卫了一众更雄心勃勃的公民（或其他行为者，如个人或机构），以及他们的交互式社区和政治性社区的概念。

再次，审议理论倡导者依赖各种优点，包括决定审议质量的规范性美德。政治代表——在研究和创新方面，主要的利益相关者——应该能够证明自己决定的正当性甚至为其辩护。公民就其而言应该能够为自己的选择辩护并修改他们通常含糊不清的偏好，合理的努力来自决策者（或利益相关者）和广大公众的两个方向。

最后，公民——或研究和创新行动者——应该能够进行研究，并在公共审议中集体界定共同利益，阐明共同利益、理由和合法性，同时尊重公民和每个人的自治权①。

从实践的角度来看，科学文献对各种条件进行了辩论和提出，以评估审议的质量［FIS 05, THO 08, p. 13, COH 89, COH 96, MAN 83, MAN 10, RAW 71, RAW 93, HAB 81, STE 04, STE 12, among others］。尤格·斯坦纳（Jürg Steiner）［STE 12］通过实证分析讨论并面对这些不同的条件，例如，考虑以下对审议理论

---

① 最后一个要素仍然是一个悬而未决的问题［REB 16a］。

的要求：取决于社区成员参与程度审议过程的质量，用故事来论证，使用的理由类型（基于对个人利益的共同利益的参考），参与者之间的尊重程度（特别是对不值得尊重的论据采取的态度），或适当的透明度（审议的第一阶段可能需要更多机密性）以及论证最佳的力量状态或对真实性的需要。基于标准文本规范性评估的政治审议，可部分适用于负责任研究与创新情境。如果它们没有平等的相关性，那么讨论它们有助于澄清在研究和创新背景下适用的审议条件。

总之，将审议理论的理论框架应用于负责任研究与创新，意味着利益相关者或公众的包容机制依赖于关键参与者更为苛刻的概念以及对话过程中讨论的内容。虽然反身性的观点对于负责任研究与创新倡导者也很重要（社会行动者应该能够修改他们的判断），但审议理论增加了根据确保这种审议有效性的一些标准来证明和辩护其论点的必要性。从这一点来看，仍然存在许多问题：什么是主张？是否应采用与哈贝马斯相关的最佳主张的法则？经过深思熟虑后应该如何作出选择？审议理论不接受批评［YOU 01，SAN 97，HAU 01，BAS 99，SUN 97，SUN 01，SHA 99，MOU 99］，例如，它们强调解释性争议［CHA 03］或需要定义什么是主张［REB 16a］。

然而，将研究和创新的责任与审议过程联系起来并精确定义后者，将带来负责任研究与创新的进步。特别是通过界定由欧盟委员会资助的企业、研究机构联盟所采取的具体机制，不仅鼓励讨论技术或价值观的可能利益和损害这些技术的世界观，而且还要审议一些应该或不应该采取特定项目的这些方向，或这个或那个技术的实施条件。正如研究和创新一样，在不断演变的领域中共同构建规范并以极大不确定性为特征的思考，需要一个理论框架和实用工具，使其能够设想具体的过程，通过这些过程，规范得到讨论、权衡并最终作出选择。

2.5 | 伦理审查与负责任创新

当然，现在还没有时间让我们知道是否应该在负责任研究与创新中考虑伦理审查。然而，无论是谈论伦理还是努力构建研究和创新实践，并使研究和创新都能从这些需求中获益，我们都可以合理地将两者调和起来审视。现在我们可以对比负责任研究与创新和第1章中讨论过的伦理审查。首先，我们将指出一些重要的差异，这使得人们认识到两种概念之间的平行演变。

2.5.1 伦理审查与负责任研究与创新之间的张力

第一个区别是二者之间所处时代的长度差异。对于上游和下游的研究，负责任研究与创新的指向或思考角度更加开放。如果我们收回关于科研诚信行为的欧洲准则，它不希望被纳入所谓的"社会背景"，以坚持"伦理"所理解的内容，那么负责任研究与创新就会接受这种社会背景。而且，为了准确起见，我们需要区分至少三种情境：第一，与研究有关；第二，考虑到参与研究的人、动物、植物；第三，本报告称之为"伦理背景"，类似于社会背景，但包括科学政策。

第二个区别是伦理审查不会回归科学知识（开放，教育）。当然，有关动物参与调查问卷中的一些问题，人们应该能够说出为什么不可能从中创造经济，以回应研究问题，并展示其他动物和人类可以得到的利益。

第三个区别是伦理审查提出了问题和支柱的分隔列表，我们在第 1 章中看到，这些列表比负责任研究与创新支柱更长。如果是移除并最终不考虑这些问题和支柱，那么过渡到负责任研究与创新可能会有问题，这些问题和支柱有望帮助他们作出回应。然后伦理可以放在括号内。

第四个区别，也是一个更微妙的区别，是一些负责任研究与创新支柱可以作为伦理审查中调查问卷的问题关注点，并仔细关注这些支柱。例如，负责任研究与创新的参与支柱是关于人类参与研究的第 2 章第 2 节中的一个问题。因此，为了在负责任研究与创新的推动下做得好并推动利益相关者的参与，我们面临着一个补充的要求，即预估知情同意模板可能出现的状况。如果我们考虑到参与伦理审查的人受到经验的影响，答案可能是否定的，而利益相关者可以参与经验的发展和修改。

研究案例以及开放数据也对数据及其保护的必要性感到紧张，特别是，当他们敏感的时候。

第五个区别在于，如果需要想象一个扩大的参与，那么通过将专家和伦理实例纳入扩大的伦理委员会，伦理审查可以采取不同的观点，其中负责任研究与创新可以促进那些不太具体的参与形式。大量的异质参与者（RRI）和伦理专家之间的交叉或作为伦理审查的交叉存在于某些经验中，如法国生物伦理公民代表大会（见第 1 章中的评论）所提出的经验。

如果在伦理审查中以循环方式找到伦理一词并且只是负责任研究与创新支柱之一，则它没有相同的关注点。伦理审查可能会失去对研究必须保证的人、动物和植物的特别关注。相反，负责任研究与创新会从不同的角度更广泛地讨论事物。一旦两者接近，人们应该考虑到与研究相关任务的不稳定或偏离中心，如果有人将这一范围打开，以使"准则"与被称作"伦理情境"的研究中的正义性相关。

道德哲学研究、应用伦理学与政治社会学，甚至科学技术社会学之间的差异性甚至对立地表明了这两个方向。

2.5.2 伦理审查与负责任研究与创新相差甚远吗

人们可以发现一些负责任研究与创新的需求已经包含在一般的、科学的及伦理的项目评估过程中。实际上，在某些项目中，我们看到几个支柱已经得到了思考。例如，某些支持者认为性别没有被要求这样做①。同样的，在第三方国家或者不发达国家作为研究工作利益分享成为伦理审查问卷中的一个子问题。在参与方面，人们可以依赖于指导人类经验的众多规范，并且这些规范表明了对包容性的伦理有效性的关注。

2.5.3 负责任研究与创新是伦理审查的机遇吗

如果没有重视调查问卷对支柱和负责任研究与创新条件提出的所有问题，我们可以说治理可能是在伦理审查中提供更多反身性的机会。更准确地说，评估人员可以考虑项目发起人将治理模式与管理模式联系起来的方式、在研究团队中重置的流程的整个实施过程、如何处理这些流程以及对流程的回应。最后一个词源自美德的术语，讨论的是责任，我们将在后面的章节中看到，有几种方法可以理解它。

负责任研究与创新允许的部门化将是另一个机会，但也是一种风险。伦理学家以外的行为者也可以有发言权。了解每个将被

---

① 我们已经看到一些项目设想制定时间表，使它们以男女拥有相同设施的条件进行。

邀请人的头衔和责任也是一件好事，但最重要的是作出回应。让我们注意第一个负责任研究与创新支柱即参与的原则，也就是公民和利益相关者之间的对话。这两者既不相同，也没有同样的问题。例如，公民可能考虑共同利益或后代，而利益相关者则希望挽救他所投资的研究，并从中寻求经济利益。

伦理审查和负责任研究与创新之间的一种互补关联形式没有必要意味着要通过一个轴（工作分项）或者伦理委员会——这是部分专用的，现在通常就是这种情况——进行问题的推进或者重置。

在本章的介绍中，我们花了一些时间来比较伦理审查和负责任研究与创新，以考虑与回应研究中出现的与伦理问题相关的治理问题。我们现在可以结束我们在审议方面的长期讨论，并利用协商民主理论。

确切地说，审议不仅应该为参与者之间的合作提供条件，应该超越这一点。除此之外，还要考虑伦理评价本身，这应该构成第1章中谈到的多元化伦理。伦理审查和负责任研究与创新之间的通道在负责任研究与创新中程序主义和伦理审查中实体主义之间的紧张关系是敏感的。阐述双重形式的审议（道德和政治）应该能减少这种紧张局势①。

现在没有时间融合伦理审查和负责任研究与创新或者让一个被另一个压制。然而，如果负责任研究与创新成为每个研究项目的新要求，并且它在H2020中无所不在，可能正是暗示了这一点，那么就有必要回答我们在本章中提出的问题。根据这些答

---

① 见［REB 12a］及以上［REB 16a］。

案，可以缩短列出的要求。但由于与各种形式保护有关的法律原因，调查问卷的要点似乎是不可避免的，或者更好地利用负责任研究与创新，以便在整个项目中以反思和可持续的方式更好地回答调查问卷。负责任研究与创新不能成为借口或冒险忘记或分散这些保护性要求。负责任研究与创新甚至通过与利益相关者开放合作来超越这种保护，同时通过考虑伦理问题扩大其范围。然而，这一步提出了问题，一定知道谁有何种责任。如果科研人员是利益相关者的一部分，他们就不必单独承担这些新的责任。简而言之，更长的请求清单可能具有吸引注意力的附带效果——这是他们研究的核心，已经符合我们在第1章开头讨论的规范性要求。因此，负责任研究与创新需要面对许多挑战，以便成为一个可操作概念，尊重所制定的伦理标准的落实并以参与的方式应用它们。

2.6 ｜ 结论

本章为重新审视目前构成负责任研究与创新文献的各种概念提供了机会。我们区分了与欧盟支持的六大支柱相关的第一种路径，即与大量已有文献相联系。我们还分析了这些支柱的一致性及其一些表述。

然后，我们试图从其提出的各种责任情境的角度概述关于负责任研究与创新的学术文献。我们强调了这些文献的某些盲点，并且我们以纲领性方式阐明了现在部分研究集中在这些应用上的情况。负责任研究与创新机制的构成要素是什么？如何对其进行评估或测量？另一方面，这些标准的权重和集体选择究竟有多精确呢？我们提出了一种基于审议理论的方法来回答这些问题，它为开发可能使科学技术发展中社会价值的"体现"机制提供了理论和实践工具。

现在我们对伦理评估、支柱和负责任研究与创新的维度有了一个准确的概念，但我们并没有真正地对责任本身及其不同理解作出任何确切的说明。接下来我们要明确地对它们进行分析。

第3章 责任：一个多义概念

  第2章我们评估了欧盟委员会提出的负责任研究与创新的不同方法和学术资料。然而，到目前为止，这些方法都没有探讨出"责任"的详细概念，也没有区分出法律责任、伦理（或道德）责任和社会责任^①。本章我们将关注道德责任的概念。实际上，正是这个概念最符合负责任研究与创新的框架。如第1章所示，伦理问题不仅仅尊重法律，也在伦理审查限度内。接下来我们将会了解到，在负责任研究与创新的范围内，伦理和责任超越了法律的界限。

  如果我们考虑到"责任"这个词的词源，那么最初的意义似乎来自拉丁语的"respondere"（响应）。在法语中（如德语中的Verantworten一样），répondre（回应）指的是通过承担责任，传达回应的想法以及对自己的行为负责的想法（répondredeses actes，法语）。哲学家里科（Ricoeur）[RIC 95]指出了与归责理念相关的责任的第二个含义，他将行为或结果归于某人的行为。

---

① 我们回顾一下[GIA 16]系列中的先前出版物，该出版物借鉴了重要文本，特别是康德和黑格尔的文章，以及后来的出版物[PEL 16b]，以便对企业社会责任（CSR）理论和RRI理论进行比较分析。

在责任作为"回应"的情况下，我们注意行为者的意图，将其归于责任的概念，最重要的因素是将行为者与其在特定事件链中的行为联系起来［PEL 04］。因此，在一种情况下，个人必须意识到他们的行为，以为其证明和辩护才能负有责任；而在另一种情况下，个人的责任是他们能够意识到他或他们是行为的始作俑者。这两种解释开辟了两种不同的反思路径。

然而，为了建立一个完整的责任版图，必须在这两种解释中加入一些其他的含义，这些含义已经被探索过，尤其是政治和道德哲学（见［HAR 68, GOO 86, BOV 98, DUF 07, CAN 02, WIL 08, VIN 09, VIN 11, VAN 11］）。从这些其中一定包含最近有关 RRI 的成果［OWE 12，OWE 13b，特别是 GRI 13］中，我们可以得到十种不同的责任理解[①]。我们将在下面简要介绍这些内容，并举例说明它们之间的差异。

可以将责任定义为[②]：

（1）原因（因此有可能理解责任。因此，我们将其与原因区分开来，例如通过行动的角度，行动之前和之后，导致行为和行为的因素）：例如，海啸造成 1 万人死亡。这是原因；

（2）责备[③]：例如，Y 夫人为背叛她的朋友负责。出于这个原因，她受到了指责；

（3）债务：例如，X 先生应对车祸负责并且必须支付赔偿金。所以这是债务；

---

① 正如我们在第 2 章中看到的那样 Ibo van de Poel［VAN 11］确定了九个（原则），因为他没有将责任作为回应性的概念，尽管它是负责任研究与创新理论的核心。

② 这些数字将在整个章节中使用。

③ 虽然在道德哲学中经常出现责备，但也存在可褒扬性。

（4）（a和b）问责：如，公司董事在其股东面前负责，并且必须为其行为及其后果辩护。这是问责；

（5）任务（或角色）：救生员负责监督游泳池。这是分配给他的任务；

（6）职责[①]：例如，警察局长负责X行动，他就有作出决定的权力。这是职责；

（7）能力：例如，Y先生具有以负责任的方式进行认知和道德行为的能力；

（8）义务：例如，救生员有义务照顾游泳池中的人。他有义务必须使用必要的手段以防止任何事故的发生；

（9）回应：例如，Z女士有能力恰当、迅速、准确地回答问题；

（10）美德（关怀）：例如，K先生倾向于以负责任的方式行事。就好像他已经训练自己去负责任。

在这些不同的含义中，我们可以区分对责任的消极解读和积极解读[②]。消极解读——责任作为责备，作为债务或者作为问责的一方[③]——基本上是追溯性的。一旦有有害事件发生，随后都将注明责任。

然而，作为问责或作为补偿损失义务的责任同样包含预期要素，这意味着个人必须考虑到未来。事实上，一位遵循其股东指

---

① 角色比职责更广泛，它通常由几个职责组成。以下章节将提供一些角色和职责的示例。

② 在第4章中，我们将看到进一步的区别可以应用于责任一词的这些不同的公认含义。

③ 在第4章中，我们将看到有两种方式可以理解追究责任的义务。第一个（4a）对应于对责任的消极理解，第二个（4b）对应于积极的理解。

示的主管认为，他目前的行为受到未来义务的制约，这种义务是对他选择和决定的合理性证明。同样，个人当下对其责任或债务的承认决定了其未来行为。例如，对修复造成的损害提供经济补偿。

责任的消极解释对个人有着特别的关注，那些应受到责难的行为背后的人是必不可少的。事实上，这是一种在行为发生后再去确定对伦理或法律上应受谴责行为的一个或一群负责人的情况。这迫使行为者为自己的行为辩护，并在某些情境下，试图弥补损害。因此，这些类型的责任依附于个人以及将其和与之有关事件过程联系起来的因果关系或线索。最重要的是，这些解释取决于归责的概念，该概念包含于上述的责任概念之中。

积极解释中的责任则包含着一个预期，使那些被认为对已经执行（或避免）的行为或者已实现的一个或多个目标负有责任的人得以安心。在这种情况下，存在着对未来的预期，以确定伦理上的理想目标。这种预测决定了可能的行动和决策，使人们能够以最佳方式实现自己的目标。然而，正如我们将在第 4 章要看到的那样，正面的决定并不排除追溯性的方面。但是责任，无论是作为问责还是回应，都假定将再次审视过去的行动和决定，以便证明或纠正它们。然而，与消极的解释相反，对责任的积极理解有助于激发我们当前的行为，同时仍然受到某种规范性视野的制约。从一个非完全的结果论角度看来，积极的理解不仅影响我们在必须满足的某些目标方面的行为，而且影响我们的行为和意图（特别是在责任作为美德的情况下，详见第 4 章）。

3.1 | 消极理解

在继续分析之前，最好回到责任的第一个解释"原因"，因为这是所有其他责任概念的基础。这种解释对应于一个人说事件 A 导致后果 X 的情况，例如，当我们说 2003 年欧洲的热浪导致 7 万人死亡和几种作物遭到破坏。对责任的所有消极解释都假定行动或事件与某种结果之间存在着因果关系，这种结果被认定是有害的。然而，这些解释使我们对责任的理解增加了这样的内容，即行为背后的人或人之间的特定关系及其后果。在这里要强调的是，虽然消极解释通常指的是被人们认定为有害的，但溯源的话，这里的责任同样也属于积极解释。这指的是：一个人是某个结果的原因是值得被称赞的，他被称誉是因为对它们负责。

对责任的消极理解将责任对应于责备、债务以及问责①。我们在下面简要介绍它们，以便在第 3 章第 2 节中对它们进行批判性分析。

3.1.1 责任等同于责备

我们将责任理解为责备，这是最常被接受和使用的解释。我们让代理人 A 在法律上或道德上对行动 X 负责（A 为前一天晚上犯下的入室盗窃罪负责）。对责任的理解假设有以下五个条件［THO 80，BOV 98，COR 01，SWI 06，VAN 11］：

1. **道德中介**：代理人具有以负责任方式行事的心智能力。在认知能力存在缺陷的情况下，行为人不能对他们的不道德行为负

---

① 见之前的说明。

责（受到责备）；

2. 因果关系： 代理人 A 在某种程度上与行动 X 有因果关系；

3. 不道德的行为 [1]：代理人进行了不道德行为；

4. 自由： 代理人 A 没有被迫进行不良行为 X（如果他或她已经做了，罪责应归咎于强迫 A 犯行为 X 的人）；

5. 意识： 代理人 A 知道或者可能已经知道，行为 X 会导致不良后果。

这里有一些关于这些情况的评论。首先，我们可以想到这种责备性质的责任是对有责任的人起作用的：在有罪的情况下（刑法）法律的回应——可以由警察、法律和监狱工作人员的各种代理人强制执行——以及在（拉斯柯尔尼科夫在费奥多尔·陀思妥耶夫斯基的《罪与罚》遭遇到那样的）道德责任情况下的耻辱、排斥、道德谴责或内心的折磨。在这些情况下，责任意味着一个破坏性事件，并转化为谴责（通常来自一个机构、社会或一个人的道德意识）。正如我们所看到的，并非所有类型的责任都是如此。

其次，将责任确定为责备（或当有不法行为属于刑法时的罪责）所需的条件，定义了个人行为意识和自由的框架。为了在道德或法律上能够被认定为有罪，我们必须在行动和意识方面都是自由的 [GIA 16]。然而，承认和欣赏个人的自由有时可能是一项艰巨的任务，不仅仅是心理。例如，让我们考虑这样一种情况，即应当责备行为的行为人受到身体上的胁迫（例如，侵略者强制执行）或来自等级制度的命令行事（在军队中通常就是这

---

① 正如我们在责任理解清单中指出的那样，我们也可以带来积极的结果，从而成为褒扬的主题。

种情况）。在这两种情况下，行为自由因另一种意志而减少。因此，确定一个人责任的实际情况和限度并不容易。同样，将犯罪者行为与某些道德上应受谴责的后果联系起来的因果关系并不总是容易证明其同一性（第 3.2.1 节）。在这种情况下，很难确定应责备的主体以及应当为罪行负责的人。最后，意识的条件也受到争论：在负责任研究与创新的特定背景下，为了能够确认责任，有必要阐明所谓的意识的水平。同时考虑到与其他情况不同的创新和研究特有的本体论不确定性。我们将在 3.2.1 节中更详细地回答这个问题。

3.1.2 责任等同于债务

这种类型责任的前提是作为可责备性的责任。它主要由法律决定，但不排除提供赔偿的道德义务。在这种责任中，代理人 A 在对行动负责时的法律或道德责任 X 迫使代理人 A 补偿受害人遭受的任何物质、身体或心理伤害，或至少补偿他们。例如，A 将有义务提供经济补偿或某种形式的象征性补偿（例如，通过表示道歉）。在某些情况下，提供赔偿的义务伴随着法律制裁。正如我们所说，这种关于责任的观点利用现在和将来的行动，在可能的情况下补偿受害者或受害者所遭受的伤害。然而，这并不是对责任的积极理解，因为它不以任何方式阻止某些不良的后果。由于这种责任形式是最常被要求的（尤其是法律）之一，因此不再进一步研究①。

---

① 第 3.2 节提供了一些进一步的分析点。

3.1.3 责任等同于问责：被动的形式

对责任最后的消极解释是指代理人应对委托人负责。勃文斯（Bovens）[BOV 98] 区分了**责任**一词两个公认的含义：一个是积极的，即美德（我们将在下面分析）；而另一个是消极的，即一种机制。我们现在将重点放在后者上。根据这种从历史上衍生于资产负债表概念的解释，**责任**概念对应于一个"与特定社会机制的关系，其涉及解释和证明某人行为的义务"[BOV 98, p. 30]。在对责任的这种解释中，重点在于政治和社会治理，这允许进行适当的治理实践。这种理解涉及通过调查和查证实践来确定代理人的行为是否正当。它在必须负责人（公司董事、部长、代表等）与委托他或她的权力**委托人**（委托人、议会、专业协会等等）之间建立了一种特殊的关系。因此，代理人有义务在讨论会面前证明自己的行为是合理的，该讨论会会向他们询问行为的合法性，从而作出判断，有时甚至在不当行为的情况下施加影响。勃文斯特别关注机制的概念，因为这种对义务的解释是纯粹工具性的。在可能的指责或影响的威胁下，代理人被某种权力指挥得很好。他们是受到合同委托，并拥有法律义务为其后续行为辩护。当然，这项义务规定了他们现在的行为，并促使他们为了委托人的利益行事。但是，这种义务依赖于处罚的威胁；行动参与者的善意和道德能力不会发挥作用。这种对责任的理解当然有一个前瞻性维度，但它并没有从积极的角度考虑事物。一旦与委托挂上钩，个人就可能以共同利益的名义行事，但并不一定要完全遵守规范性的视野，而这些视野的标准是"内化"和可解释的。在第4章中，我们将看到。相反，第二个被承认的责任意义倾向于将责任的组织方与个人道德方联系起来，同时为一种被理解为个人美德的责任留下空间。

3.2 ｜ 责任：介于过犹与不及之间

我们必须认识到，这些对责任的消极理解往往是理解这一概念的第一步。将责任作为道德责难和罪责，甚至是债务，这实际上可用以维持社会秩序。这些限制影响并决定着个体的行为，以便通过适当方式为集体决定的共同利益作出贡献（至少在民主社会中）。负面术语可以让我们认为这些对责任的特殊理解与汽车的制动系统非常相似。由于科研人员[①]有时表示反对道德评估，迫使个人——尤其是那些参与研究和创新的人——来评估他们的责任，这可以被视为对他们创造力和自由的额外障碍。然而，当代社会建立在这样的观念之上，即创造力和自由是创新、研究的条件，并最终使经济增长、政治相对稳定以及社会进步。迫使创新和研究的参与者面对他们的责任将成为科学和技术发展的障碍。

但是，不应将消极理解仅仅视为障碍。实际上，为了预测可能的反对或反响，也就是说在某时将内部存在的某些存在朝决定着社会实践的规范和禁令内化，可以重新定义研究和创新的目标，以便更加明确地与在某时刻的社会规范（或法律）保持一致。由于必须考虑到规定科学与技术界限和用途的一套规范，因此预测这些规则最终可以节省宝贵的时间。值得注意的是——使用纯粹的工具逻辑——由于社会敌意和缺乏理解，可能对复杂的

---

① 参见案例 [DOU 03, PEL 12]。

技术项目有害，因此至少有必要尊重现有的法律规范。无可否认，法律框架可以通过新技术或评估的规范变化来修改，因为讨论或者争论道德伦理和生命伦理的出现先于稳定的法条，后者需要更长的时间。事实上，在许多情况下，后果的威胁仍然是塑造个人（在这种情况下，都是指创新和研究的参与者）行为的有效方式。如下所述，如果我们要坚持这样一种观点，即一个人也必须培养以负责任的方式行事，那么考虑到既定社会约束的工具理性，已经是迈向责任的早期步骤。

然而，在创新和研究的具体情境下，基于这种理性的消极理解是不够的，会导致三种不同类型的问题：（1）它们不意味着人们的道德承诺；（2）它们经常导致责任的淡化；（3）它们有时甚至会导致代理人的缺失。

3.2.1 规范性承诺的缺失

作为可责备性和债务的责任假设，考虑到其行为和决定，代理人将要被指控为后来的不正当行为负责。因此，决定这种责任的标准和法律，可以规定人们在实施不法行为将被采取的制裁措施。然而，它们涉及一个重要的追溯性方面，这在创新和研究的实际情况下是不适当的，并且需要人们试图预测（尽管不完美）不确定的未来。面对现代的挑战，损害一旦已经造成，仅仅依赖一种追溯性的责任认定是不够的。新兴技术，例如信息和通信技术、生物和纳米技术，甚至地球工程，都需要采取谨慎的方法，以防止它们可能造成的严重或不可逆转的伤害。这涉及一种预期性的承诺形式（第 4 章）。此外，在某种程度上，这种基于对恐惧回应的责任理解不会在道德上作用于人。实际上，这种人为了避免谴责、社会审判或者财务或刑事后果才选择以"道德上适当"的方式行事。但是，规范来讲，按照法律或社会规范行事并不一定是以伦理方式行事。换句话说，尊重法律秩序并不涉及以道德上适当的方式行事。尊重法律规范与尊重道德行为这两方面的区别在道德哲学中有着悠久的传统，有很多例子可以说明它。特别是我们可以引用在法国维希政权下颁布的歧视犹太人法律的例子。这些都是合法的，因为它们是来自合法的立法体系。然而，大多数规范体系都认为它们在道德上是有问题的。相反，有些公民的不服从行为是非法的，但在道德上是合理的，例如在1975年威尔（Weil）于法律将堕胎合法化之前进行的非法堕胎。

如果我们希望促进负责任研究与创新，就必须考虑一个理论框架，该框架可以为创新与研究的参与者制定和实施规范性承诺，这种方式不仅仅局限于利用对恐惧的回应促进道德上恰当的行为。相反，我们必须促进一个培养和调整过程，使参与者能够解释出现有规范，并可能创建新规范，以便更好地适应该领域的发展。接下来，我们将看到责任的积极理解如何朝着这个方向努力。

仅仅依据对法律（或预先存在的规范）的尊重和对制裁避免的责任解释最终会导致不利影响，这与所需的知识水平有关。研究创新和新科技发展背后的社会行为者、企业或机构，可以对其研究后发生的某些损害负责。但是，从法律角度来看，只有考虑到有关科学或技术的现有知识，才能考虑其刑事责任。没有人能够做到这一点。对无法预期的损害赔偿以及责任水平与由于疏忽造成损害的情况不同，即无法说是不是自发地缺乏某种知识。

换言之，纯粹的追溯性责任意味着，参与者被认为具有特定的知识水平，以预测未来的损害。这可能导致这些参与者的不正常行为，即为了减少未来的责任，他们将努力确保所需的认知度和知识水平尽可能低。对技术或科学调查研究可能带来的困难的认识越多或越复杂，创新和研究的参与者就越有可能对未来的损害负责。因此，他们将有动机减少必要的知识量，从而不利于预测未来的问题。

最近的一个例子是由吉里斯-艾瑞克·塞拉利尼指导的团队工作引起的争议，该团队研究了与用除草剂处理和未经过除草剂处理的转基因生物（GMOs）相关的潜在毒理学风险。最初由毒理学期刊《**食品和化学毒理学**》于2012年9月发表的一篇文章［SER 12］引发了这一争议。"本文涵盖为期两年的研究，并提出以下结论：孟山都（Monsanto）公司抗农达（Roundup）NK603转基因玉米和农达本身在某些剂量和特定类型的（使用上）会引起大鼠的慢性中毒。然而，该研究还表明，与未喂食NK603转基因玉米的大鼠相比，用较低剂量的NK603转基因玉米喂养的大鼠发生肿瘤的概率较低。结果根据使用雄性或雌性大鼠而产生不同。"该文章一出版，就引起了激烈的争议，成为许多科学批评的主题。《**食品和化学毒理学**》称，收到了几封要求撤回文章的信件，尽管该文章已经通过了在期刊上发表所有必要的同行审查程序。该文章的拥护者（例如反转基因的非政府组织）很快就认为这些信件的一部分来自孟山都公司，该公司对这篇文章提出质疑。最后，该文章于2013年11月被撤回，理由是该团队的结果并非"确定性的"，尽管这一理由不包括在该期刊列出的撤回理由中。

2013年10月之后，法国食品、环境和职业健康与安全局（Anses）、生物技术高级理事会（HCB）和欧洲食品安全局（EFSA）

拒绝了塞拉利尼的研究结论。批评似乎有几个原因：选择大鼠的类型（已知随着年龄的增长而自发发展肿瘤）、使用的大鼠数量（判断为不足以提供统计有效性）、结果不完整和不精确的表现（遗漏某些相互矛盾的结果），以及塞拉利尼令人震惊的交流方法，即展示了肿瘤变形的大鼠图像。

然而，塞拉利尼的研究并不缺乏支持性反应，包括那些受到批评的（研究）。与之前的短期研究（90 天）相比，这些研究主要集中在长期研究（2 年）。2012 年 11 月 14 日，《法国世界报》（Le Monde）发表了一份由 140 名科研人员签署的公开信，重申了这样一个事实：尽管塞拉利尼的研究过程存在缺陷，但这与专家用来支持接受转基因生物决策的研究过程非常相似。并且提出疑问：为什么只有当结果与商业逻辑相矛盾时才偏离这个协议？2014 年，也就是最初出版两年后，G.E. 塞拉利尼团队的文章在《欧洲环境科学》上进行了一些修改后再版了。

正如社会学家大卫·德莫尔坦（David Demortain）[DEM 13]强调的那样，这一争议具有启发性，因为它质疑毒理学标准的测量方式。塞拉利尼事件至少有利于质疑当前的规范（将转基因生物释放到市场上）以及关于这一主题科学辩论的缺失。对此，法国食品、环境和职业健康与安全局、生物技术高级理事会强调需要对饲喂含有孟山都公司转基因抗除草剂玉米的动物，进行长期毒理学实验（超过 90 个监管日）。此外，针对这项研究某些毫无根据的批评（例如，将其称为不诚实的），与制造商披着拙劣伪装的诋毁活动如出一辙，增加了对转基因生物毒性研究的压力，这些研究被潜在的巨大商业损失而得到证实，也因此造成了信息阻碍。然而，必须以集体和透明的方式理解关于转基因生物健康风险相关知识水平的问题。仅考虑到专家和制造商，这些标准可能无法激励起最佳的工作水平。与责难和弥补不法行为必要性相关的纯粹追溯性责任，不允许（譬如如果这些生物的毒性得到确定性的记录）直到损害发生后才能理解问题。在这里，只有一种前瞻性和积极的责任允许我们绕过这种类型的推理，这在长期内会适得其反。

3.2.2 责任的淡化

这些责任消极解释的第二种问题源于其个人主义维度。我们已经看到它们基于将行为 X 的责任归于行为者 A，当然这种归属可以涉及一群人。然而，这基本上是将行为或一系列行为归咎于可辨识实体（个人或个人群体）的情况。这可能导致责任的两种有害后果。

第一个问题是被政治理论家丹尼斯·汤普森（Dennis Thompson）认定为"多手（many hands）"的问题［THO 80］。这描述了一个行为由多个代理人完成的情况，每个代理人具有不同的和部分的责任，这在科学和技术领域是常见的。在这种情况下，通常很难通过名称精确地归责，并解开导致不良事件 X（我们之前已经看到了因果关系在对责任的消极理解中起主导作用的程度）的复杂因果链。很难准确地说出由谁负责。人们可以说这是复杂性事件中责任的淡化。简而言之，没有人对任何事情负责。当未来的行动受到不确定性影响时，这种情况甚至更加真切。

正如里科（Ricoeur）所言：

［……］考虑到所有后果，包括那些与最初意图最相反的后果，导致人道主义者不分青红皂白地对所有人负责，也就是说他可以

负责任何事情。[RIC 95, p. 66]

纯粹的结果主义责任方法应该考虑到这样一个事实，即我们的行为具有"相邻效应"——在这里使用利科的一个术语——这些产生了意想不到的后果，有时完全与初始意图相反。无论如何，参与者的多样性也可能导致责任的淡化。就像汉娜·阿伦特表达的：

如果所有人都是有罪的，那么没人有罪。①[ARE 03, p. 173]

这里我们发现自己被困在两难之间[SWI 06]。一方面，对责任的理解过于宽泛：（1）当行为受到来自恐惧的限制时，可能会妨碍创新和研究参与者的创造力；（2）由于因果链的复杂性和参与者的多样性导致的责任淡化。

另一方面，让参与者摆脱责任的愿望有可能使责任名存实亡。因此，这就提出了个人可以在多大程度上对其行为负责的问题。

要在创新和研究中促进责任，就必须既不依赖于无限责任（即每个人都可以或必须对所有事情负责），也不依赖于纯粹仅限于个人行为的责任。因此，这是一个找到适当**因果关系**视角的案例，这意味着受时空限制的参与者预期责任得以合理地展现。这将使责任归于一个或几个参与者。本章结论将为这个问题提供部分解决方案。

①当然，Arendt 介绍了责任与自责之间的区别（参见第 3.3.2 节）。

3.2.3　对于责任不可替代性的理解

我们对责任的现代理解受 20 世纪下半叶出现的团结对抗风险理念的影响已经大大改变，并转化为欧洲和北美福利国家的诞生［RIC 95，EWA 86］。责任被理解为弥补损害进行赔偿的义务（假设错误可归因于代理人），并因此转化为一种没有固定代理人的匿名责任。在这种解释中，必须保护社会成员免受那些无犯罪者的风险（例如自然灾害）。有了这种被动的，且其重点是社会成员"脆弱性"的责任形式，归责将被留在阴影中，甚至消失，因为风险和损害不能归咎于任何人。

最近的一个案例证明了这一点。2015 年 10 月 4 日，法国阿尔卑斯滨海地区降雨量非常大。这导致几条水道上升（特别是布拉格河），淹没了几个城镇的街道（夏纳、昂蒂布、芒代利厄拉纳普尔、卢贝新城和尼斯）。根据记录，20 多人死亡，3 万多人受伤，造成近 10 亿欧元的物质损失①。起初看来，造成洪水的恶劣天气并没有归因于人类，也没有指向气候变化（这种恶劣天气和温室气体之间的因果关系仍然难以建立②）。我们也不能归咎于缺乏预测，因为根据法国国家气象局，该地区已经被归类为橙色风险区，目前尚无法确定降雨的强度和降雨确切位置。因此，似乎很难将受害者的死亡归因于任何个人或机构。这时，国家必须采取这样一种责任形式，即要求在不受责难的情况下赔偿受害者（特别是在物质损失的情况下）。

---

① Le Monde 报，2015 年 10 月 5 日："Alpes-Maritimes 地区洪水：约 20 人死亡记录。"

② Le Monde 报，2015 年 10 月 4 日："气候变化导致阿尔卑斯滨海地区的暴风雨天气？"

但是，这种责任解释的局限性很明显，那就是很少有在自然灾害或科学技术发展中完全无法确定原因和分配责任的情况。责任可能很多，很难追查，同时在这之中鲜有无辜者，这在创新和研究方面甚至更为真切。

如果我们回到前面的例子，灾难的规模就有人为原因：建筑物建在可能发生洪水的地区；由城市化导致的地面渗透性降低与地表径流增加①。这些因素也经常被引用于解释受害者人数。应该补充的是，在这种情况下，可以确定一些责任方：与建筑业合作的公共权力、更关心利润而不是土地结构的企业，甚至是以低成本在洪水风险地区购买房产的个人。

我们可以看到，即使在自然灾害的情况下，人类决策也会对难以预测事件的整体影响产生直接影响（另见拉奎拉地震的情况，见下文第 3.3.3 节）。

这里再次提出了前面提到的相同类型的问题：公共机构在多大程度上可以预防风险（在国家处于有着大量债务并因此倾向于减少社会服务的情境下）？如果考虑到后代（可持续发展的支持），各国必须考虑到的其行动（无论是预防性的还是纠正性的）的合理责任限度是什么？

这些问题在环境正义理论［BLA 09］中也被纳入考虑，在没有任何具体情境的情况下，无法一般地或**先验地**回答。这里提及它们，没有提供答案，以证明责任的消极理解如何对人类理性构成重大挑战。这些在确认事后责任上的困难需要找到一种更精简的方式，将行动与道德承诺联系起来。只有当我们看到每一个人

---

① Le Monde 报，2015 年 10 月 5 日："恶劣天气：破坏背后的原因可能会越来越频繁。"

类活动都会产生某种形式的责任——一种可以用这个术语各种解释来定义的形式——我们才能够在"自然的"或者"人为的"灾难之后应付这样一个不可避免的任务，那就是厘清混乱的责任（谁做了什么，在什么权力下，等等）。当然，这样的经验非常有用。但是，它本身并不代表道德责任的所有复杂性。

3.3 │ 科学家责任案例

循着这一思路，让我们暂时放下理论反思，并集中讨论两个对科学家责任范围提出强烈质疑的历史案例。在涉及创新的问题时，这一步骤，即继续着从研究参与者伦理责任的第1章开始的分析路径，似乎与之并不相关。但是，它使我们能够重新审视三个重点，这些要点可以以更广泛的方式应用于研究和创新的所有参与者。

首先，这些案例表现出，当问题出现后个人责任如何发挥作用，以及责任的集合维度的必要性。其次，它们清楚地说明了追溯性责任理解的局限性。最后，它们使我们能够形成这样一种理解，即其中参与者的道德参与是必不可少的。

在我们的第一个例子中，我们将探讨科学家阿尔伯特·爱因斯坦和罗伯特·奥本海默在1945年8月6日和9日对广岛和长崎爆炸事件及其可怕后果的负责任程度。接下来，我们将介绍围绕2009年意大利拉奎拉地震的科学管理（风险评估和沟通）争议的某些方面。

3.3.1 原子弹：责任归咎于事后管理

让我们简要回顾一下爱因斯坦和奥本海默各自在原子弹发展

中的参与经历，以及我们对他们如何认识到自己责任方式的了解。正如我们所知，1939 年 8 月 2 日，阿尔伯特·爱因斯坦签署了一封由物理学家利奥·西拉德（Léo Szilard）和尤金·维格纳（Eugène Wigner）撰写并寄给罗斯福总统的信。这封信 ① 试图提醒美国总统纳粹德国可能正在发展核武器。它为在美国进行核能紧急研究提供了必要性辩护。我们也知道，爱因斯坦因其和平主义观点而被曼哈顿计划集团解雇。战争结束后，直到 1955 年去世，他仍然是和平主义和反对军备竞赛的热烈拥护者。去世前，他与哲学家伯特兰·罗素（Bertrand Russel）和其他人一起签署了《罗素—爱因斯坦宣言》，谴责核武器的危险，并要求政治领导人采取和平解决方案。在利奥·西拉德的帮助下，他还成立了原子科学家紧急委员会（ECAS），旨在向人们普及并告知人们这种新型武器的危险性。

这些少数历史回顾使我们能够描绘一个坚定的科学家形象，他们为在他们帮助下发展的技术进步而思虑（在爱因斯坦的案例中这甚至是间接的）。在这个案例中，科学家的承诺变得政治化，以此来限制或者至少是提前阻止一种危险但也具有巨大积极潜力的技术的使用。然而，爱因斯坦对原子弹承担的责任似乎并未就此结束。事实上，正如他的朋友和同事莱纳斯鲍林所报道的那样，他明确地对他参与曼哈顿计划表示遗憾。在他的日记中，鲍林转录了一些在 1954 年 11 月 16 日与爱因斯坦的一次对话。在此期间，爱因斯坦向他吐露道：

> 我的一生中犯了一个大错——当我在给罗斯福总统那封建议

---

① 第二封信实际上是在 1940 年 3 月发出的，第一封信没有得到回复。

研制原子弹的信上签字的时候；但那是有一些理由的——那就是德国人正在研制它们的危险①。

通过这些话语，爱因斯坦明确地表达了一种内疚感，并承认他个人对一项明确行为的责任，这是一项值得注意的政治（而非科学）行为，间接导致了1945年8月日本的爆炸事件。

罗伯特·奥本海默的案例比爱因斯坦案例更复杂②。事实上，与爱因斯坦相比，作为1943年至1946年8月曼哈顿计划③的科学主任，他是核武器发展的主要缔造者。在曼哈顿计划的核心部分，即制造小男孩和胖子④，他为使用核武器对抗日本辩护，并就目标的选择提出看法。当原子弹落下时，他还建议不要让日本人知道即将发生的爆炸事件，正如在1945年5月2日设立临时委员会发布的报告中杜鲁门总统所证实的那样，这个委员会的目的是讨论原子弹的使用及其政治影响。1945年6月1日，奥本海默作为科学顾问的这个委员会得出结论：

原子弹应尽快用于对抗日本；应投放在工人住房周围的战争工厂；并且它应该在没有事先警告的情况下被丢下⑤。

---

① Linus Pauling 的期刊可以在俄勒冈州立大学的档案中找到。有关文件可以在以下博客上查阅：https : //paulingblog.wordpress.com/2010/09/01/pauling-and-einstein/。
② 至少对于这个特殊的问题，科学家在出现一种带有希望但又具有破坏性潜力的技术方面的责任。
③ 事实上，他将在1942年开始研究它。
④ 1945年8月6日和9日分别在日本的广岛和长崎落下。
⑤ RHO 86，第650–651页，引自 RIV 02，第216页。

然而，十几年后（1962 年），奥本海默对这种没有警告的情况感到遗憾，因为警告可能会减少平民死亡人数。

……然而，我自己的感觉是，如果要使用原子弹，应该有更有效地警告，更少地肆意杀戮……而不是真正发生在激烈而混乱的战斗中。

此外，奥本海默是一位意识到甚至担心其行为道德含义的科学家。在 1945 年 10 月 16 日给美国哲学学会的演讲中，他说：

我们制造了一种最可怕的武器，它突然彻底地改变了世界的本质……在我们成长的世界的所有存在中，这是最邪恶的一个。通过这样做……，我们再次提出了科学是否对人类有益的问题。［BIR 06, p. 323］

奥本海默似乎表达了对在他帮助下发展的巨大力量的矛盾感情。例如，伯德（Bird）和舍温（Sherwin）［BIR 06］形容他在战争结束时表现得特别的痛苦、郁闷和焦虑，尤其是在新墨西哥州进行首次测试成为试验成功的标记之后和原子弹投放日本之前。战争结束后，这种痛苦仍在继续。1948 年，在《时代》杂志发表的一篇文章中，奥本海默写道：

战争的经历给我们留下了一个令人担忧的遗产……这种不安的责任感比那些为军事目的参与发展原子能的人的（责任感）更加严重……物理学，在核弹的发展中起着决定性作用，是我们实验室和期刊的直接产物……在某种粗浅的意义上——没有粗俗、幽默、夸张可以被完全地消解，物理学家已经知道了罪恶，这也是他们不能遗忘的知识。[RIV 02，p. 305]

在这里，科学家评估他在可怕事件中的责任，并在面对因他而产生的"邪恶"时表达了一种罪责。战争结束后，这种责任感将促使他积极地为他的"造物"命运作出贡献。他在 1947 年到 1952 年来到了原子能中心（AEC）的总顾问委员会（GAC），并极大地影响了美国在核问题上的政治立场。他将努力建立起一个国内和国际法律的框架，以规范核武器的制造和使用，并试图控制军备竞赛。

爱因斯坦的政治立场和奥本海默对其研究态度的例子揭示了一种责任形式，它限制了上述两个极端的过度行为。爱因斯坦直接致力于影响对核问题的政治态度，尽管他没有直接参与核武器的建设。正如我们所看到的，奥本海默为这些武器的制造作出了积极贡献，但对其后果表示遗憾。他完全意识到了他帮助研发的东西的破坏性力量，并似乎表现出一种责任感，不可避免地陷入了一种追溯性的自责中。尽管如此，虽然他在洛斯阿拉莫斯（Los Alamos）——曼哈顿计划的科学中心所在地多年来一直感到担忧，但这并没有阻止他进行研究。

这个人物的所有含糊之处已经清晰。一方面，奥本海默使原子弹的使用合法化——他似乎从来没有反对它甚至对此感到抱歉。他认为，在地面上进行介入——这被视为使用炸弹的一种可能的替代方案，将付出巨大的人力成本 [RIV 02，p. 226]。另一方面，由于这种新的力量所带来的深刻地缘政治变化和社会后果，他在事后感到震惊。

另一个例子证明了这种矛盾心理。与科学家爱德华·泰勒的热情和刘易斯·斯特劳斯（AEC 成员）的政治压力相反，奥本海默在战争期间和战争刚刚结束时，坚决反对氢弹的研究。他担心它的潜在破坏性远远大于原子弹。然而，在 1951 年，他的观点发生了根本性变化，并且在研究表明它在技术上是可能的之后为其研发进行辩护。米歇尔·雷沃（Michel Rival）［RIV 02，p. 265］写道：

> 至少可以说，这种突然转变是令人震惊的，其中我们应该看到，当一个新的发现使他们着迷并使他们失去判断力时，这种特殊形式的精神分裂症会影响一些科学家。因此，对"技术至高性"的考虑因素超过了道德上的考虑因素，即使是像奥本海默那样灵敏和聪明的人也是如此。

因此，作为 GAC 的主管，奥本海默致力于减缓研究的进展，而研究却客观上使他在道德上受到谴责。他展示了一位科学家的形象，他对自己的行为可能产生的后果负有个人责任，然而这种责任在科学的好奇心和兴奋中消失了。

考虑到极端紧张和戏剧性地缘政治的历史情境，或者是否有理由支持氢弹的发展计划，我们不打算对罗伯特·奥本海默的态度或他人在历史的这个时刻的态度进行道德判断，也不讨论这些爆炸是否必要或合理的问题。然而，我们必须注意到追溯性责任的极限，鉴于几乎完全毁坏日本两个城市这样特别严重的后果，这才真正具有重要意义。

让我们补充一点，也许是这种特殊的事后责任形式，在战争之后，它推动奥本海默成为一个政治和科学人物，后者极大地推动了关于核能的辩论，特别是促使国际社会考虑这种发现可能带来的地缘政治变化。在这样做的过程中，通过假设一个急于考虑他帮助开发的技术可能用途的坚定科学家形象，他承担了一种前瞻性的和积极的责任形式。

在爱因斯坦和奥本海默的案例中，我们远离了中立科学家的形象，他们并未将科学和技术的社会用途考虑在内。两位科学家似乎都完全理解他们的责任范围，以及他们科学发现的某些显著后果的规模。他们试图通过行动主义和政治参与来解决这个问题，并更广泛地影响这些发现的未来使用。最后，尽管这些杰出的科学家犯了错误，但这些例子说明了个人参与的必要性。正如我们将在第 4 章和第 5 章中看到的那样，这应该伴随着对制度治理的反思。这里我们并不是说创新的科学家和参与者应该在所有行动中保持善良。虽然这似乎是一个值得称赞的目标，但它可能无法实现。然而，它可以作为规范的一个既精确又遥不可及的范围，使我们能够全面而明确地承认产生行动的本体论责任。

3.3.2　责任：个人与集体

为了深入探讨从这个案例中汲取的教训，我们回顾一下在第 3 章第 2 节开始的关于在过犹与不及之间责任限度的思路。我们已经看到，在创新和研究参与者身上可能承担的责任程度也许会在复杂的责任网络范围内造成问题。

以让·保罗·萨特的存在主义为例［RIC 99］。在《存在与虚无》［SAR 43］中，人类总是对他所生活的世界负有全部责任；他的责任源于他在根据自己确定的价值选择自己命运时享受（或遭受）到的本体论自由（因为上帝不再是理性的来源）。因此，这种对责任的双重视角①并不是通往负责任研究与创新的最简单途径，因为它有利于我们之前强调的责任淡化。

定义这个问题的一个有趣途径来自政治思想家汉娜·阿伦特（Hannah Arendt）提出的解释集体责任，并以此理解"平庸的恶"。事实上，这种解释允许将责任归咎于个人不必要承诺的行为，并且以不夸张的方式这样做。

阿伦特概述了集体责任的形式，首先区分了责任和自责。我们可以对我们没有承诺的行为负责。但是，对于我们没有犯下的行为，在被指责或谴责的意义上，我们不能被贴上有罪的标签［ARE 03，p.173］。

然而，一旦我们拒绝了将某人判定犯有他或她没有犯下的行为之可能性，就会有集体责任的念头。阿伦特描述了建立集体责任的两个条件。

我必须对我没有做过的事情负责，我有责任的原因在于我在某一团体（或集体）中的成员资格，在其中我的自愿行为不能被消解。这完全不同于我可以随意解除的商业伙伴关系的成员资格。［ARE 03］

从这个角度来看，并回到上面给出的一个例子，科学和工程共同体是有责任的：是这些团体使原子弹成为可能。整个共同体——不仅是那些亲身参与曼哈顿计划以及德国和俄罗斯研究的

---

① 换句话说，这与 Lévinas 同样具有的双重视角观点相呼应；见下一章。

成员——都可能承担责任。

集体责任这个概念对于科学家、工程师和创新者而言可能过于沉重，这也引起了他们的担心，但应该指出的是这个概念理所当然需要创新和研究的社会参与者的参与。但是，这并不意味着这些人将被判定为可能的损害（例如意外损害）而负责。通过对集体责任的这种解释，我们试图掌握并了解专业人士在其所属共同体（医生、航空工程师、生物化学家等）接受或驳回决策时的（规范性）承诺。尽管他直接参与了核裂变炸弹的制造，爱因斯坦的和平主义诺言，以及他在防止军备竞赛方面的作用，都展现了这种特殊的责任形式。因此，这将有助于区分第1章中提到的责任体系，这是由伦理审查和职业道德准则决定的。

最后，补充一下，对责任的理解并不一定能够提供一个准确的规范性答案，例如，是否应该继续1951年对氢弹的研究。尽管如此，这是进行富有成效的讨论可能性之核心要素，正如我们所看到的那样，这是负责任研究与创新的必要条件。

3.3.3　拉奎拉地震和科学家在协助作出决定方面的责任

我们的第二个案例能够更好地完善科学家责任的限度。这个案例的背景是拉奎拉地震，导致六名科学家（最终通过上诉被宣告无罪释放）受到谴责，并引起了国际社会对于科学家责任问题的关注。这个案例很有趣，因为那些使得科学家被指控的，以及往往被媒体误传的责任，并非那些我们可能预想到的。它们并非源于缺乏（对消极责任的）规划，而是因为对标记为专家的科学家信息在公共和个人决策中被传递、传播和使用的方式的关注。这个案例揭示了采取积极责任理解的必要性，这种理解首先关注我们具有提前思考的能力，以便控制、规范和跟进我们制定或协助发展的理论和技术的成果。

让我们回顾这些事实。根据国际环境研究委员会（ICEF）2013 年发布的最终报告[①]，2009 年 4 月 6 日，里氏震级为 6.3 级的地震袭击了意大利的阿布鲁佐地区，造成 300 多人死亡、1500 人受伤、65000 人无家可归。事发前几个月，地震活动频繁发生。2 月份开始出现低强度、反复的震颤，引起了拉奎拉省居民越来越多的焦虑。

意大利民防部门负责人硅多·贝特拉索（Guido Bertolaso）召开了全国预测和预防重大风险委员会的一次性会议。2009 年 3 月 31 日，地震发生 6 天后（此处应为 6 天前，原文笔误。译者注），该委员会（也被称为主要风险委员会），在拉奎拉举行会议。其参与者包括著名的地震学家、火山学家和物理学家恩佐·波斯齐（Enzo Boschi），当时是罗马意大利国家地球物理与火山学研究所（INGV）的主席；弗朗索·巴巴里（Franco Barberi），罗马大学的火山学家；毛罗·多斯（Mauro Dolce），罗马国家民防部地震风险局局长；来自日内瓦大学的克劳迪奥·伊娃（Claudio Eva）；INGV 国家地震中心主任朱丽奥·塞尔瓦吉（Giulio Selvaggi）；帕维亚地震工程欧洲培训和研究中心主席吉安·米歇尔·卡尔维（Gian Michele Calvi）。出席的还有伯纳多·贝尔纳迪尼斯（Bernardo De Bernardinis），当时是民防部副主任和流体力学工程师[②]。

审判中值得商榷的要素之一是，在这次科学讨论之前，即在主要风险委员会会晤前一小时，伯纳多·贝尔纳迪尼斯进行了一

---

① 国际民防局地震预报委员会。
② 1980 年由伦敦帝国理工学院航空系授予博士学位。

次采访，其目的是让公众放心。在这次采访中，他宣称拉奎拉的地震情况绝对"**正常**"，并没有出现任何"**危险**"①。他在委员会会议之后的新闻发布会上发表了这些令人安心的评论，而有关科学家没有参加。然后，伯纳多·贝尔纳迪尼斯在镜头前说："**地球越震动，它释放的能量越多。它应该平息。而我会说：'回家，喝一杯很棒的蒙特布查诺（Montepulciano）'。**"②

这种仅仅提供保证而不是关于预测困难的明确信息是导致代理检察官法比奥·皮祖蒂（Fabio Picuti）提出指控的原因③。事实上，他将主要风险委员会所提供的信息归类为"**当涉及到地震活动的危险时是不完整、不精确和矛盾的**"［HAL 11］。

在提起损害赔偿民事诉讼的案件中，一些与受害者关系密切的人特别谈到，该委员会令人放心的言论影响了他们撤离家园的最初意图，到最后完全阻止他们这样做④。

在2012年10月22日的第一次审判结束时，该委员会的七名成员因非自愿的"过失杀人罪"而被判有罪，法官马可·比利（Marco Billi）判处他们六个月（此处应为六年，原文有误。译者注）的监禁，并判处980万欧元的赔偿和利息支付给民间团体。在上诉期间，只有伯纳多·贝尔纳迪尼斯最终"因为对某些受害

---

① 根据地球科学家，设立在日内瓦的世界行星监测和地震风险减少机构（WAPMERR）主任 Max Wyss 报道，见一份日期为2012年10月26日的《地球》杂志中的文章，可在以下地址找到：http//www.earthmagazine.org/article/voices–judged–unfairly–laquila–roles–and–responsibilities–should–have–been–considered。

② Libération，2011年10月14日，"A l'Aquila, Lasciencesecouée"（发生在拉奎拉地区的地震）。

③ Le Monde 报，2012年10月22日，"Aquila 地震：科学家被判入狱六年"。

④ 事实上，该地区的许多建筑物并非按照抗震标准建造，如果他们离开家园，可能会有几名受害者得救。

者的'非自愿杀人和疏忽'被判处两年徒刑，同时其他人无罪释放"[1]。

为了深入可能造成对科学家责任判断出现这种转变的曲折谈判过程，需要进行超出本书范围的更深入调查。但是，尽管如此，该案例仍然非常具有启发性。事实上，在第一次定罪后，国际科学界反应强烈，并受到判决的困扰。例如，美国科学促进会（AAAS）在给意大利总统的一封信中回忆说，现在对法律制裁的恐惧重压在科学家头上，这令人担忧，这种威胁"使他们对于交流对科学进步至关重要的思想望而却步"。另外一封由4000多名科学家签名的信也被送到意大利总统那里。

包括原告律师在内的许多人，也都认为科学家不必为未能准确预测地震而负责。以当时所获得的信息和知识来看，他们并不能准确预测地震会带来如此大的破坏。那么，他们如何对地震造成的破坏（结果）负责[2]？

然而，问题不在于此，因为审判的指控并没有提及科学家未能准确地预测地震。在他们看来委员会成员的责任在于不知道如何清楚地传达他们的结果，并在局势确定时，向专家提供令人放心（或细微差别）的信息。

我们可以很容易地想象，对于政府而言，存在将某种情况夸

---

[1] Le Monde 报，2014年10月11日，"Séismedel'Aquila：volte-face surprise de la justice italienne"（拉奎拉地震：意大利司法系统令人惊讶的转变）。

[2] 在这里，我们驳回了一位意大利工程师提出的可能的调查线索，他显然告知当局有关氡气的特殊测量结果，他认为这与地震风险增加有关。为了评估忽视这一线索的公共权力的责任，我们将再次进一步推动调查，以确定该主题的确切发展状况。实际上，不寻常的氡气测量与大规模地震活动概率增加之间的相关性似乎难以确定。

张的风险，并且将一个地区实施撤离的建议认定为徒劳无益，只会带来除财务成本之外的风险。尽管如此，这绝不会减少被归类为专家的科学家的责任。当他们的陈述和研究有助于公共决策时，这些专家必须承担新的责任：那就是将结果以清晰、全面（在这种情况下具有一定的不确定性）和可理解的方式表达出来。虽然将科学转化为决策的行为并不容易，但它可以成为民事保护部门有效降低风险的有力砝码。尽管责任是共享的（在地震区建造脆弱的建筑物、公共权力不愿撤离该镇），但专家提交报告和决策者作出决定的分工并不总是严格的。

因此，这个可能开创先例的案例表明，在制定复杂的决策时，有必要以最清晰、最透明的方式提供专家意见［GRA 12］。负责任研究与创新实践的良性效果之一应该是，获得这种类型的沟通和转译能力，特别是在复杂的案例中，专家的建议不仅影响公共权力的决定，而且影响个人的行为。

更具普遍性的是，这个案例再一次强调了纯粹追溯责任形式的局限性。主要风险委员会的科学家们忽视了他们会议上得出的结论，他们展现出一种与拉奎拉地区居民脱离接触的形式。任何形式更积极的责任（我们将在下一章详细论述）将使他们更关注他们建议的结果。

3.4 ｜ 结论

本章试图说明对责任消极理解的必要性和重要性。但是，因为它们是基于对责任的结果主义和工具性观点，所以它们不允许我们从伦理的角度看待个人行为。在考虑正当的行为方式时（从道德的角度来看），他们既不会呼吁也不会涉及个人的道德能力。

因此，我们必须转向对责任的积极理解。这些将允许一个真正的规范性维度（一个面向"应该是"的转向）被添加到个人行动中，以及帮助我们面对一个不确定的未来而不会徒劳地预测所有后果。

第 4 章　负责任研究与创新：
道德创新的必要性

　　第 3 章中我们列出了对责任的十种不同解释，并基于此对责任的积极和消极意义进行区分，通过有道德的行为是合法或者具有道德约束力的，用以说明对责任消极理解的局限性。

　　本章中，我们将继续批判地介绍在负责任研究与创新的相关著作中对责任一词或清晰或隐晦的描述，这里我们将聚焦于讨论责任这一概念的积极意义。我们将看到不同程度的社会参与者的不同参与形式。它们调解并规范各种关系，并劝导研究与创新主体朝向一种创造和创新的伦理或道德框架。

　　结合这一分析，我们将提出一种更为复杂的道德创新形式，而不是优先对积极意义给予解释。这将建立在对责任的多元理解与整合的基础上。因此，我们将在本章结论一节（4.3）中看到，我们把对责任的不同解释结合起来，并对它进行了适合具体情况且更富有成效的解释。在详细讨论这些积极的解释之前，应该注意三件事。

　　首先，有必要区分责任的描述性（4.1）和规范性（4.2）理解。在第一种情况下，对事实的描述可以确定责任。在第二种情况下，对责任的规范性理解需要明晰规范秩序的其他相关评价条件，例如，为伦理判断提供依据的条件（第1章）。

对责任（原因、角色、职责等）的前四种解释是描述性的[VAN 11]，其中描述了是什么和不是什么（A是或不是B的原因；X是否对某项任务负责；Y是否行使某种类型的职责）。除此之外，其他对责任的解释则是规范性的，因为它们涉及对公约和规范的评价要素，这使我们能够在事件结果或事件链中确定某个个人或群体的责任。

这种区别不是绝对的两分法。事实上，确定A是不是一个负责任的人，或者是否应该因某一不道德行为而受到指责，需要描述性因素（例如，他或她是不是事件的原因），以及在某一特定时刻存在并规定责任的规范性因素（例如，道德或责任）。在下一节中，我们将特别注意规范性解释。

另一方面，对责任的理解可以从道德哲学（第3章）中追溯性和前瞻性之间的对立性入手。在此之前，需要说明的是，对责任的追溯性理解侧重于已经发生的事情，以便确定谁应对某一系列事件负责，并在涉及道德或法律上应受谴责的行动的情况下，迫使责任人提供赔偿。这种理解着眼于过去，分析已经发生的行为。例如，作为责备的责任是追溯性的，因为它是在不法行为或损害发生之后才界定的。

相反，作为道德或义务的责任（例如救生员在游泳池中确保游泳者安全的责任）是具有前瞻性的，因为负责人承诺保证某些事件发生或不发生（例如事故）。因此，肩负着这样责任的人着眼于未来：他们目前的行动取决于对未来事件的思考。

最后，我们说虽然对责任积极的理解基本上是前瞻性的，但责任并不总是结果主义的。回到第1章所讨论的道德理论，结果论的伦理学方法着眼于未来，因为它涉及预测潜在的灾难或保证一系列的事件有一个积极的结果。虽然我们可以在回顾中思考后果，但结果论的行动或推理侧重于对结果的预期，以预测和解决问题。例如，对角色或职责的解释大多是结果主义。然而，正如我们将看到的那样，将责任解释成为一种回应或美德，使我们能够超越仅仅基于后果的道德评价。

4.1 │ 对责任的描述性理解

描述性理解对应于界定的责任形式，往往与某一特定活动（无论是否专业）相联系。第3章已经解释了责任作为原因的第一种理解（这对所有其他人都是必要的）。因此，对责任的主要理解仍然是**任务（或角色）、职责和能力**。

这些分配和分担责任的方式构成了许多创新和研究实践活动赖以存在的坚实基础，至少是在"常规"科学和技术发展的框架内时。这将排除欧盟委员会在第2章中讨论的"大挑战"，或李特尔（Rittel）和韦伯（Webber）［RIT 73］的"邪恶问题"，这些问题很难解决，因为它们在某些方面相互矛盾。

4.1.1 作为任务（或角色）的责任和作为职责的责任

当我们被赋予一项任务［HAR 68, VAN 11］或角色［VIN 11］[①]时，第一种形式的责任被定义，例如驾驶公共汽车或设计建筑物的计划。因此，必须以最佳方式完成一项或一组个人的任务。他

---

① 我们将交替使用任务和角色的概念，但是也要注意更准确地区分它们。

必须利用他们所需的有关准则和规则，并具备一定的行动和预期能力。这些规范属于几个类别，可以是技术性的（例如与建筑有关的）、法律的，也可以是道德的。在研究领域，我们描述了适用不同层次的规范。其中一些是专门针对研究领域的，另一些是与尊重和保护人民有关的。

同样，我们可以将**责任**作为职责，例如，当项目经理负责确保项目的正确执行时。在专业环境中，一个或几个参与者必须确保某些行动尽可能由其他人执行，并确保达到（或避免）某些结果和目标。总的来说，这类作为职责的责任所涵盖的范围要比仅作为任务的责任大，因为这些活动不仅涉及有关个人的行动，还涉及在其职责下他人的行为和决定。

职责可以是责任的两种类型之一。它要么取决于各级权力的分配，要么是通过经验获得的，即一个人在承担角色和完成任务方面的公认能力给予他们一定程度的职责。在最好的情况下，应该尽可能通过加强资格和培训来使相应的人获得相应的职责。

4.1.2　作为能力的责任

在这里，责任不是指以某种方式行事的义务（如消极解释中的情况），而是指以道德上适当方式行事的能力。负责任的个人拥有预测、质疑和评估其行为可能产生的后果所必需的认知能力。他能够识别、辨别和调整他们在特定环境下必须做的事情。此外，他也有能力提出意图，以符合现行法律，并符合某些道德规则的方式行事［HAR 68，VAN 11，GRI 13］。因此，个人在认知层面通过运用知识和其他一些能力（或一种道德知识[①]），能

[①] 如第 1 章所述，哲学史和现代伦理学中存在着关于道德知识是否存在的争议：道德认知主义者和非认知主义者相互对立。例如，参见［DAR 92］。

够认识到适用的道德禁令和（或）评估为采取相应行动而出现的情况。作为能力的责任为赋予个人的作用或任务提供信息，这种责任可以解释为，一个人具备完成某些任务和履行其职责所需的能力。

在创新和研究的背景下，如果能够相当准确地预测未来，而且社会、法律和政治环境被人们熟知，并且没有任何重大干扰时，对责任作为能力、任务或职责的理解可以在负责任研究与创新中发挥一定的作用。事实上，一个组织（一个企业或研究机构）每天都要作出许多决定，并在这些权力和责任结构的框架内开展许多活动，无论是以**任务、能力还是职责**的形式。指定个人负责或赋予他们决策权促使他们实现某些预定目标，并在所有情况下按照被认为可取的某些目的行事。这种解释具有追溯性［因为在实现目标方面的疏忽、错误或缺乏效率的情况下，可能必须追究责任人的责任和（或）支付损害赔偿金］和前瞻性，因为预期结果决定了当前的行动。

然而，这种对责任的解释本身并不比面对欧洲"大挑战"或"后常规"科学带来的具体挑战时的消极解释更好，借用富托利茨（Funtowicz）和拉维茨（Ravetz）［FUN 92, FUN 93］的说法，这种科学具有很大的不确定性、许多相互冲突的价值、很高的期望和作出决定的迫切性，实际上往往要求社会参与者要么离开他们的影响范围，要么赋予他们的作用或职责。因此，我们现在应该转向对作为美德和回应能力责任更为复杂的解释。

4.2 │ 对责任的规范性理解

我们现在处于与 RRI 最相关责任解释的核心，至少在新兴技术的情况下如此。与以前的解释相比，这些公认的责任含义建立在对良好（或其他规范性理由）的规范性认识以及可归类为"善"的实践基础上。我们确实认为，作为职责或任务（角色）的责任给了个人一个自由和职责的范围，其中包括权利和义务，而个人在其中的核心是作出某些决定并努力实现某些目标。在对责任的规范理解方面，最重要的是个人或集体所要承担责任的结果。在负责任研究与创新的视角下，所有这一切尤其包括各种利益相关者、子孙后代、居住在地球上的人类和非人类，以及我们为发展作出贡献的理论或技术。这一安排包括一个前瞻性和追溯性要素，而且它需要有预测能力，但也需要有承担某些积极或消极后果的倾向，以及可能伴随这些后果或赔偿要求的影响或要求。因此，它依赖于将两种知识（科学知识和伦理知识）结合在一起的个人认知能力，以及组织认知能力。我们现在将更详细地探讨每一种解释是如何界定这些概念的。

4.2.1　作为道德义务的责任

这种对责任的解释受到康德①的启发，强调一种义务论，即在特定情境下强加给个人的道德义务。例如，这可能涉及抚养、教育和关爱儿童的责任，或引导举报人揭发业务中不道德行为的责任。

---

① 事实上，作为现代伦理学中道德理论的义务论极大地简化了康德的伦理道德。

这种形式的责任往往是通过专业道德准则和良好行为准则来界定的，这些准则为个人提供了外部规范，以规范其活动。个人也可以有自己的道德秩序，这产生于他们的个人规范制度。

对于一个负责技术设备安全的工程师来说，他们的安装遵循一套外部约束，这些约束是以正式或非正式的形式，由他们的管理层制定的。但他也可能遵守一种道德秩序（对他们的道德体系而言是个人的），这迫使他们谴责其在管理层中可能观察到的任何不良做法（例如，同事或上级试图隐瞒测试中所涉装置危险性质的结果的行为）①。

因此，作为道德义务的责任既取决于职业道德（及其具体形式取决于专业，例如科学家、工程师、公司董事），也取决于个人的价值观和价值体系。它有赖于参与者的道德意图和他们强加于自己的道德规则，因此是一种非结果主义形式的责任。

4.2.2 作为回应的责任

第2章中，我们看到回应性是负责任研究与创新的一种条件，大多数作者都强调了这一点。我们已经看到了这种做法的好处和局限性。然而，在这里，这种回应或回应的能力并不能被视为责任的条件（第2章），而是作为责任的一种形式，它的一种解释——也许是其最重要的解释之一——如对于这个词（Responsibility）其中之一的词根解释，respondere（响应，反应）。

从这一观点来看，作为回应的责任指的是一种特殊的能力（无论是个人的、集体的、体制的还是系统的），以便对一种情况所引起的问题作出适当的回应。为了阐明这一能力意味着什么，

---

① 虽然这种能力是必不可少的，但比其他两种更难以评估。

让我们转向布洛克［BLO 14］利用从事通信科学领域工作的哲学家伊曼努尔·列维纳斯（Emmanuel Levinas）和斯坦利·德兹（Stanley Deetz）的工作所形成的原始观点 ①。

我们已经看到，利益相关者的互相包容和对话是负责任研究与创新的关键之一（第2章）。文森特·布洛克［BLO 14］将回应和社会对话联系起来通过以下方式来解释责任：继德兹（Deetz）之后，他认为，不同立场的对话可以改变甚至挑战或者动摇对话者的分析框架和所持观点。因此，沟通存在的基本理由是利益分歧双方对话不是要说服对方转变其立场，而是要潜移默化地改变其主观性；在人的信念中创造一个破裂点就是创造一个可以存在彼此观点的空间。我们现在的观点印证了我们在第2章中所描述的反身性（负责任研究与创新必不可少的另一个维度），这意味着我们在对话中能够识别自己的观点，并在与他人对话中修正它。对布洛克来说，将责任理解为回应能力的第二个维度属于列维纳斯认为的是对他人行为作出回应的范畴。例如，在这里，沟通、对话与修辞［REB 16a］②的区别再次取决于这样一个事实：在一个对话中，我识别一个调用的请求，并将尝试回应这个请求。

如果说通过对话实现目标的这一原始观点为 RRI 提供了富

---

① 列维纳斯将"其他"资本化，以表明一种激进的变化，可以与所有其他的一样，是上帝的称号之一。在这里，我们必须强调错误，或者至少是危险的换位，这种错误通常是在使用列维纳斯的哲学时，在将对方说成有形和现实的时候使用的。列维纳斯把自己置于一个更抽象和形而上学的层面，这个层面也有其局限性。这是对他有一天回答关于中东局势的问题的回应，他在这个问题上宣称他不能谈论这个问题，因为他的生活远离有关情况。

② 这里包含负面版本。事实上，亚里士多德的言论，佩雷尔曼的新修辞和范埃梅伦的修辞在考虑论证时是很珍贵的，这是审议的一个重要方面［REB 16］。

有成效的反思途径，那么，遏制对责任双曲线和不对称理解的利瓦纳亚式冲动是有益的。按照列维纳斯的说法，我们总是在对方面前保持感激。然而，面对这样的要求，我们面临着不再对任何事情负责的风险。然后，这将使我们回到第 3 章中所介绍的里科（Ricoeur）和阿伦特（Arendt）提出的问题——不对称性。因为，在列维纳斯的哲学中，另一种观点总是居高临下。相反，我们认为，在作为**回应**的责任中，我们不应预先假定与之交谈者的身份，他必须适应对方。

基于负责任研究与创新的框架，对责任的解释基于不同的参与者将进入彼此对话的假定。这其中所有的原因在第 2 章中都有提到，也是对话作为参与者身份建设场所本身的优点。因此，社会对话，或者更具体地说，利益相关者之间的对话（例如开发纳米技术的实验室或企业与非政府组织之间的对话）似乎有两个主要优点①。

第一，它使我们能够意识到我们的思想框架、信仰以及我们所遵循的准则体系，以便更好地加以审查。遇到与我们自己不同的，甚至根本不同的其他思维框架，从术语上说，是揭示了我们自己的价值体系。这就创造了一个空间，我们可以在其中质疑这些系统，并对它们进行可能的调整，以使它们与其他系统更加兼容。这种潜在的兼容性可以通过各种类型的协议来实现，例如协商一致和妥协，或协商性的分歧［REB 12］。

第二，通过对话激发了变化：我们在对方身上发现的需求和差异给了我们回应的动力。因此，这不仅是一种谈话的情况，而

---

① 正如"被挟持对方"这句话所表明的那样。

且也是对此作出回应的情况。这种回应不仅涉及一个人或几个人的要求，而且还侧重于各机构（例如科学或法律机构）的呼吁。作为回应能力的责任要求创新科学家和参与者（以及他们所属的机构）适应环境的变化（例如，通过纳入新的法律约束或新的科学发现，或响应公众对更合乎道德的做法的需求）。

我们将回到一种情况与它所要求回应之间的这种特殊联系，这种回应是对他人责任的反应（4.2.3.1）。

这对负责任研究与创新来说是一个有价值的研究前景。它允许那些仅凭理性还不足以令人信服的人通过"对话"和"商议"来请求支持。这种方式促进道德创新，即更新规范框架，允许设计和评估新技术。当然，如第2章所示，必须确定个人之间进行对话和讨论的条件。然而①，在此之前，认识到责任是一种强调个人、集体或机构对变革特别是对规范变革的应对能力非常重要。

4.2.3　作为美德的责任

我们本章所要论述的最后一个责任，是美德意义上的责任，可以把它理解为一种按照道德所规定的适当方式来行事的特殊能力［WIL 08］。从亚里士多德的观点来看，美德是通过"训练"而获得的恒久不变的性格，是卓越的一种形式。此外，拉丁语中的美德意味着力量。延伸下来，我们可以谈论坚韧或道德力量。

在这里，我们把责任解释为对关怀的意愿和对行动的问责。这样的分类方式是基于美德的角度去解释"责任"二字的，其中前者主要着眼于个人，后者基于个人与组织之间的关系。

---

① 让我们回顾一下，即使在对负责任研究与创新的条件进行任何反思之前，我们处于责任的解释领域。

4.2.3.1 关怀的责任

作为**美德**的责任观不一定涉及**关怀**伦理学。事实上，对科学家必须拥有的美德（如诚实、精确和谦逊）的研究并不缺乏，正如第 1 章所强调的，类似的研究还可能涉及创新的参与者。尽管如此，对负责任研究与创新的学术研究更倾向于把责任看作是一种关怀的意愿，并在此基础上通过一些微调整[①]，使该观点成为负责任研究与创新的原始学术框架。

例如，科尔米诗（Kermish）[KER 12, p. 93]根据拉德（Ladd）[LAD 91]的工作，指出责任可以指"关心或不关心他人福利"。当然，这种对责任（作为罪责）的解释是消极的：因为它对应于这样一种观念，即个人对他人的任何身体或物质损害负有责任（**应负责任**），而且也对他们的福祉缺乏关心或关注。然而，根据这一观点，我们也可以得出更积极的责任观——我们对与我们有关系的其他人的福祉负有责任。

更具体地说，亚当斯和格罗夫斯[ADA 11]将这种责任的起源置于将我们与他人（家庭、同事、同胞等）联系在一起的**关怀**网络之中。因为我们关心某些人，所以我们采取行动改善他们的福利。与社会契约理论不同的是，"我们采取行动并不是因为感觉到对方对我们具有同等价值，而是因为他们对我们具有特殊或独特的价值"[ADA 11]。因此，"关系的价值是激励负责任行动的关键因素，也是负责任行动的目标"[ADA 11]。

这种特定的关系可以把我们和其他人联系在一起，并促使我们关心他们，这种关系来自于我们与其他人保持的本体论关系。

---

① 见[PEL 16a, PEL 16b]。

格罗夫斯［GRO 14，p. 134］将我们建立关系的能力定义为对他人的"责任的灵活性与及时反应"，其形式为"依恋和对依恋的关心"。这种依附力既表现为某种"存在的自然"，也表现为某种"对人类所示的那类存在而言是值得的"［GRO 14］。

无论是在产生**关怀伦理**的著作中（例如卡罗尔·吉利根、内尔·诺丁斯或萨拉·鲁迪克的著作），还是在适用于负责任研究与创新［GRI 13］的著作中，**关心（关心什么和为什么关心）**另一个人总是从其**责任**中显现出来。

实际上，**关怀伦理**最初被用作分析医疗和家庭领域关怀的提供者和接受者之间的关系［GIL 82，TRO 93］。这些方法致力于将许多已经存在的关怀实践置于前沿思考，这样关怀的提供者能有效减少他人的痛苦。这种做法以一种被完全假设的正义理论（例如，与约翰·罗尔斯的**正义论**）所忽视的方式，来促进共同利益的实现。

根据 RRI 的特定框架，格林鲍姆和格罗夫斯［GRI 13］引用政治理论家古丁（Goodin）［GOO 85］的观点指出，我们对后代的责任绝不来自代际社会契约（契约思想家的假设也是如此），而是来自于我们当代人对后代人的责任①，用以创造美好的未来。

根据琼斯［JON 84］的研究工作表示，回应这一责任的一种可能有效的方法是将创造者和创新之间的关系看成是父与子②的关系。这意味着创新者和研究者对他们所发现和开发的科学和技

---

① 在［PEL 16b］中，我们提出了一些反对仅基于其他人的脆弱性的观点的批评论点。

② 一种隐喻，在护理伦理的创造者中被批评为一种主要是理想化的关系（例如，参见［TRO 93］或［GRO 14］）。

术负责，就像父母对孩子的成长负责一样。换句话说，科研人员和创新参与者可以通过类似于父母塑造子女教育的方式"教"或"编码"〔GRI 13，p.131〕某些伦理意识和价值观以影响着他们的创作和活动。

当然，这种将创造者与技术的关系类比人类父子关系的方式也会遇到一些问题。主要是因为儿童成为成年人并从父母那里获得某种自主权的过程与一项技术相对于其创造者或其所获得的相对自主权相比而言并不容易。但归根结底，主要是因为创新的创造者影响着创造本身，也不可避免地在这整个过程中打上自身的某些价值观，在道德上以适当的方式塑造它。这也暗示和鼓励了"敏感性设计"的方法〔KEL 09，VAN 13〕。

将责任理解为一种对技术与科学成果的关心，以及对他们的使用者（或者是受其结果的危害者）的关心，这种科学与技术是在我们的帮助下发展起来的。在科研成果的创新、研究和使用之间建立一种本体论关联。科学和技术是人与世界以及人与人之间的媒介，它们创造了特定的依恋关系，其中包含前瞻性和追溯性的责任形式。

责任作为关怀的另一个特别有趣的方面是，它使我们能够超越对预期的纯粹结果主义和理性主义的解释。如果我们回到前面所提到的"父母－孩子"的隐喻，父母关心孩子的未来，并根据背景作出许多决定。他们这样做时，显然不会熟练地进行概率计算（即使这可能是推理的一部分）。当然，他们的态度是有预见性的，但这并不包括对相关所有可能后果的详尽预期。更常见的情况是，这种决定涉及一种有限理性的形式〔接受赫伯特·西蒙（Herbert Simon）的观点〕，印刻在日常习惯中，在特殊情况下可以被改变和推翻。只要适合就要求父母制定新的规范和做法，以适应环境的这些变化。这意味着作为"关怀"的责任远远超出了风险分析的范围。它要求社会参与者具有创新的道德性，并使他们提出的准则适应他们提出的特定背景，同时始终考虑未来，以确保他们制造的技术或理论得到尽可能最好的发展。

在某种程度上可以说，责任作为一种关怀的道德规范，科学和技术活动中参与方的多样性、行动和知识的范畴，以及规范的**多元性**（社会参与者的各种价值体系），都会在 RRI 中发挥作用。例如威廉斯［WIL 08，p. 460］曾经说过"责任表示愿意对多种规范要求作出回应"。在这里，我们再次看到在责任中提出的一个概念是**回应性**：负责任地（有道德地）发展创新与研究需要考虑各种要素（例如经济利害关系、卫生风险、政治愿望、有时社会沉默和对技术相互冲突的评价），以便达成一种多元的妥协形式。

把责任与**关怀**和照看的概念联系起来的另一个优点是，这一视角将传统上相互对立的道德理论，如结果论和美德伦理学结合在了一起［REB 06a］。这种观念不仅假定个人在作出判断时会考虑到其行动的结果，也假定他们自身与他人有特殊的关系，这将使他们不自觉地产生一种关心他们的倾向。因此，许多伦理学家以更开放的方式，通过分析并行的理论（第1章），将责任表述为一种**关怀**。这样，作为关怀的责任一词似乎采取了道德多元化的形式：将关怀的伦理适用于负责任研究与创新，是现代社会认识和规范的多样性特征。

最后，与对责任的消极解释相比，作为关怀的责任依赖于对个人更丰富和更现实的道德理解："他或她不仅需要具有最大限度的经济理性（例如，影响风险的内部化），而且还需要有一种能在创新和研究框架内实施的道德敏感性。"

这一观点在 RRI 中尽管具有一定的启发性，但也存在一些问题。我们将着重分析其中的具有内在关联的两点①：第一点，侧重于这种方法引起的专制主义风险；第二点，所涉及在评判"什么是好的，什么就是有道德的"这个标准本身是否合理。

对关怀伦理提出的第一种批评突出了其试图定义个人应遵循的善之规则的专制主义。为了应对这种攻击，关怀哲学家（philosophers of care）追溯了其现象学根源，并坚持认为，实际上，要给弱势个体（儿童，病人等）或者研发中的技术提供适当的关怀，其前提是美德、善意、行动能力、决策能力和政治权利之间的微妙平衡，这与需要解决的特定情况密切相关。正如琼特伦托所写的［TRO 93，p. 203］，这种界定与不断变化的环境有关的善之标准的方式，保护了对作为美德的责任观念的理解。

因为关怀是一种实践，没有什么能保证这里所指出的道德问题会得到解决。我们不能要求任何一种普遍的原则，可以确保从人们和社会致力于关怀的那一刻起，将关怀从地方主义、专制主义和特权中解放出来。但是，缺乏这样的解决方案只会突出这样一个事实，即由于关怀是一种实践，因而是语境的和地方性的。②

第二类批评与第一类批评相联系，其基础是在现代多元社会

---

① 参见［PEL 16b］，以更深入地分析 RRI 中的责任。

② 尽管如此，这个困难值得更深入地处理，这在集合中的另一项工作［PEL 16b］中完成。

框架内确定道德方法或行为准则的方式，在现代多元社会中，人们对道德价值或理论不一定会达成共识。

我们在第 2 章中看到，有关 RRI 文献均一致支持各方通过对话、参与或者审议的方式共同构建决定创新和研究实践的准则。然而，我们注意到，就目前而言，参与和审议在理论上是不成熟的。一种建构主义者用关怀定义责任面对类似的困难：我们如何才能确保制定规范的集体进程最终致力于创新和研究的良性发展？

虽然赞成把责任理解为关怀的人没能准确地回答这个问题，但我们仍然可以遵循关怀的伦理道路：善的标准是与背景联系在一起的，是从个人智慧中诞生的。这与亚里士多德式的**物候学**（phronesis）非常接近，亚里士多德确定了这些标准，并将其付诸实践。因此，标准似乎并不是通过对话妥协而产生的，而是由参与者以一种有道德的方式行事的倾向产生的；这种倾向必须通过教育和适当的体制手段得到支持和培养。因此，一套传统建议进入了这一框架，促进对科学家进行道德思维培训，建立有利于研究和创新的融资机制，以及更普遍地就科学和社会主题对公民进行培训（例如［DOU 03］）。

4.2.3.2 作为义务的美德责任（4b）

对美德责任的另一种解释并不像前一种那么盛行，体现在用强制的指令来要求一个人的行为。问责制中的责任具有两种不同的方法。第 3 章描述了这种解释的消极方法，这种方法被保罗·利科用幽默和讽刺的方式描述为：

这种隐喻将行动纳入讨论中，用行动来解释人的责任。这种判断并不是来自外在，并且采用了类似"优点－缺点"这样的评价方式。如双重记录：收入和支出，信贷和借记，着眼于某种积极或消极的平衡，这个比喻所要达到的最后目标是所有法国司机随身携带的非常可读和必不可少的书！反过来，这种奇怪的记录方式暗示了一种道德档案的想法，正如在英语中所说的，这是一种记录债务并最终记录案情的汇编，我们法国警方的记录也非常接近这种方式。这样，我们就回到了一本有关债务和生死的半神话色彩的书中。这本书的比喻似乎是在对上文所提到的这一奇怪摘要档案的解读，在结尾对自己的责任和（显然更加平庸）想法提出见解。[RIC 00, p. 14]

为了解释作为一项计划或合同要求承担责任的义务，勃文斯 [BOV 98, BOV 10] 增加了第二个积极的责任。这是基于行动者的积极参与，该行动者能够根据授权赞助人或委托人所表达的必要性修改自己的行为（另见 [GRU 10]）。从**问责**这一观点来看，重要的是考虑到其他利益相关者的需求和在参与对话学习过程中的积极表现。这不单可以用来解释和说明自己的行动和决定，更要以此根据外部变化和因素来修改行动和决定的偏差，并采取相应的行动。在这里，不同人之间的相互**学习过程**凌驾于对问责制被动解释所预设的治理和影响机制之上。这种适应过程使活动更加可持续，提高了决策系统的效率。它还旨在以规范为基础，部署适当的治理形式。因此，必须确保各组织正确理解和遵守这些规范，同时给予参与者**解释**的余地，以便他们在必要时能够加以调整或修改。因此，对作为追究义务责任的解释强调个人（主要和代理人）在相互适应或允许这种适应方面的积极能力，而不是在合同中仅仅出于对制裁的恐惧而有动机的义务。

4.3 | 结论

本章我们的目的是要表明，与责任的消极理解不同，对责任的积极解释突出了行动和责任之间不可分割的联系。这种联系是通过我们对行动结果作出的反应、关怀或承担后果的能力来表达的。责任是行动参与者之间的关系网这一事实所固有的，并不是事后才出现的。

总之，对责任的各种理解之间的不同性和区分，帮助我们组织以负责任研究与创新为中心或与之密切相关的研究领域。这一章和前一章都是作者原创的，因为它们都直接涉及作为一种道德概念的责任，而不是寻求提供某些可以统一的组成部分，如欧盟委员会（负责任研究与创新的原则）或学术文献（负责任研究与创新的条件）所实施的战略。实际上，当涉及这个战略时，是非常有趣的。我们所开拓的范围不仅使我们避免了多义词的含糊不清，而且还防止我们只顾法律义务而绕过道德责任。

因此，这本书出版的首要好处之一就在于它捍卫了伦理多元化，本书中提出的对责任的多元理解就是例子。它既不是只支持一种理解作为唯一有效观点的一元论，也不是一种依靠规范领域之外的考虑来界定道德责任的相对主义。人们可能担心，这是对责任的综合理解所选择的战略，这种理解表明了责任的基础，但没有提供定义（第 2 章）。

根据这一说明，任何项目或利益相关者、任何规定或决策的制定者，都可以根据研究和创新的需要引入和利用其中的某个定义。至于其中参与者、程序和过程是如何负责、使用和分享选择对责任定义的理解还有待观察。以多元的方式思考责任，参与创新和研究者可以避免作出任意选择，更可以作出适当的选择。除此之外的第二个好处是，使对责任的各种消极和积极的理解成为可能，它涉及一种对道德理解的形式创新。可以说，这是道德创新的第二种形式，允许我们消除障碍，即负责任创新是一种矛盾的说法。研究和创新中伦理创新的第一种形式在于这些领域中发现的规范（实际的和特定的）之间的联系，这些规范必须与责任的必要条件结合起来，因为它们往往是隐含在负责任研究与创新的理解中的。

伦理创新的第三种形式是对责任的十种解释的理解。面对术语的多义性，我们可以选择一种理解，甚至可以组合其中几个。然而，有这么多的理解，我们很快就能看到我们选择的可能性范围，如果我们选择组合它们。这一系列的可能性超出了本书的预期范围，因此，我们将致力于指出它的存在[①]。因此，本书目标是提供一种有效和连贯的可能。事实上，我们可以选择只提出一种对责任的理解。例如，在处理项目参与者时，我们可以简单地将角色分配给每个人。**责任**在项目中发挥的作用比参与者少，如果这些参与者被赋予权力，或者如果他们的决定产生后果，他们就必须被**追究责任**。

因此，我们将简单地就这些责任解释之间可能存在的联系提出几点意见：

（1）从一种定义到另一种定义，可以使对责任的理解更加深入。例如，责任作为任务的要求比职责产生的要求要低。同样，依靠个人的认知和道德能力采取行动和作出决定，在涉及由**任务**

---

① 有关更深入的讨论，请参阅［PEL 15］。

（或角色）或职责产生的责任时，无论是按流程图分配还是根据经验分配，都会带来过多的步骤。最后，作为美德的责任是要求最高的责任类型之一，需要卓越的行动。从对责任的简单定义向道德层面的解释转变，是向反身性迈出的一步。把责任作为一种美德，这是一种含蓄的完美主义方法。

（2）这里提出的十种责任形式中都侧重于责任的某一角度。例如，责任负担的主体一部分是个人（义务、美德），另一部分是组织或集体。这是问责制（被动形式和主动形式）的简要情况。同样，作为**赔偿**的责任或应受谴责的责任则更侧重于后果，即关于可能直接或潜在地带来有害后果的结果，而作为**回应**的责任集中在个人理解和对他人要求回应的能力上。

（3）面对不同的情况，例如必须满足负责任研究与创新期望的研究项目，可以让我们选择最相关和最有效的定义。例如，将每件事归类为两种**问责**类型之一可能会适得其反，因为每种问责都是作为一种治理方法开发的，这种治理方法与治理支出和属于伦理审查范围的各点一样麻烦。在某些情况下，理论上讲，这些手段（以及对责任的相关理解）不如向学生提供道德方面的培训更合适，因为道德培训使学生承担责任，并使他们能够理解在这些不同背景下研究的意义。这三种类型的关联——增加深度、互补性和相关性，使我们能够以最负责任的方式分配责任。

在本章中，通过阐述责任的各种解释，我们希望帮助许多对创新和研究感兴趣的人，公共决策者、科学家、创新参与者、赞助机构成员和公民社会成员，设计适应其背景的责任理解。第5章提供了几个例子来说明这些责任形式及其实施方式，这是各种治理手段的核心。

第 5 章 治理工具和负责任研究
与创新的实践引入

5.1 ｜ 导言

为了完成反思，我们现在将提供几个参与和审议的案例。本章的目的是将负责任研究与创新引入实践中。首先，根据前几章所提出的概念，我们将分析四种不同的技性科学项目（分别来自欧洲和法国）。其次，在由专家和公民组成的论坛（例如公民会议）中使用参与性机制时，我们要注意实践中的制度丰富性，并从中提取制度设计的特定要素。这些要素也出现在负责任研究与创新中，特别是回应性参与，开放科学，科学教育，治理甚至伦理的基础，而不是仅仅在专家或生物伦理委员会中进行讨论。这些参与程序主要是以小组形式进行讨论，小组规模有的小至 15 人左右。最后，我们将列举两个参与性、混合性、热情度更高的案例。它们在各种区域或国际舞台上被广泛应用。法国生物伦理公民代表大会（Les Etats généraux de la Bioéthique）和一次被称为**思维会议项目**的泛欧洲讨论会议，二者都无一例外地涉及了连续几次公民大会。这些都需要很好的专业知识、新民主和公共辩论体制的创造，以及对责任的成熟理解。然而，他们的组织者很少问这种"为什么"参与的问题，而过于专注回答"如何"的问题，甚至是在议程出现困难的情况下（也是如此）。

这将是显示出除道德评估程序之外的各种治理机制的时机，正如第 1 章所述。事实上，除了第一个案例（BEAMING），我们所有的案例都涉及将伦理意识和不同利益群体的参与相结合。

5.2 ｜ 特定科学项目中的 RRI 承诺

这里我们选择分析几个科学和创新结合的项目，并努力思考由它们提出的伦理问题（在许多不同的层面上，我们将看到这一点）。其中两个项目属于第六个欧洲框架方案（HUMABIO，MIAUCE），一个项目属于第七个欧洲框架方案（BEAMING），最后一个项目是在法国国家农业研究所（INRA）领导下进行的审议试验。

我们分析基于网络或科学期刊上查阅到的公开文件的内容（在欧洲项目中，这些文件可交付，在法国国家农业研究所项目中，这些文件是发表的文章）。当然，这种方法有很大的局限性。事实上，我们的结论是根据对文本的分析得出的，这些文本并不总是反映项目期间（往往没有外部观察员）进行交流和作出决定的现实情况。然而，欧洲项目的成果要经过评审员的反复评议和分析，发表在同行评议期刊上的文章往往要接受匿名审查。因此，对这些文件给予一定程度的鼓励是合理的，特别是当它们详细地描述治理工具（伦理委员会、参与手段等）及其结果的时候。此外，第一层次和第二层次的分析还将把对项目成员的深入访谈纳入体系，例如，推动说明当前负责任研究与创新治理机制的一些主要弱点。

我们在比较普遍的介绍中看到，负责任研究与创新的概念直到 2011 年才出现在欧洲联盟委员会中。而研究的所有项目都在此日期之前进行，因此没有明确地提到负责任研究与创新。这些项目既没有提到 RRI 的欧洲基础，也没有提到第 2 章中提出的科学文献的条件①。但不可否认，RRI 包含了各种（由于）思考它们所引发的伦理问题的工具。因此，实际上，在没有被意识到的情况下，这些治理方法都不同程度地使用了负责任研究与创新所提出的不同维度，这些条件的几种演化形态也得到了说明。

在选择一个不同于欧洲基础和学术文献的分析网格时，我们特别研究了四个方面：对**伦理**的不同理解；所使用的**治理**工具（伦理委员会、参与或审议手段等）；对**责任**的理解（通常是含蓄的）；**包容性**过程的特点（参与或审议、利益相关者的决策权等）。

5.2.1 案例 1：当伦理与法律混淆时

在物理运输往往费用昂贵和造成污染的情况下，第七个欧洲框架方案技术的项目②（FP7，2010—2014 年）旨在运用一套"增强现实"技术，以开发新的通信方式。据调查人员称，传统的远程通信交流方式（如 skype 等视频会议工具）可以将大量交流所必需的非语言信息，如手势和动作输入交流过程。因此，该项目

---

① 诚然，HUMABIO 项目在其网站上提供了一个"性别平等"页面。然而，这仅仅是指当时的欧洲框架（"2001–2005 年共同体两性平等框架战略"），这个页面并没有就这一问题作出任何承诺或取得任何成果，http://www.humabio–eu.org/gender.html。

② 见 http://beaming–eu.org/（2015 年 12 月 2 日查询）。

旨在使远程交流体验更"身临其境"，即通过使用全息图来提高说话人的视觉、听觉和触觉感知（能力），甚至使用更好的智能工具再现对话人的手势和话语，从而旨在"让人们真正感觉到对话人双方在同一时空的即时存在"［BEA 11, p.13］。

更确切地说，无法到达会议地点 X 的人 A 被安置在适当的房间里，并配备了收集他们行动和言语信息的传感器，随后这些信息被放置在地点 X 的机器人接收到，并且实时地与 A 同步"表演"A 的动作。

两种类型的应用已纳入研究。第一种，用于戏剧排练场。有了这项技术（以后），处于不同地域的戏剧演员就可以免去旅途奔波而很好地对戏，保证高质量地互动。第二种，对于南加州大学两名科研人员在机器①帮助下进行一次远程采访的申请进行允可。除此之外，专家学者还设想了在外科领域的应用。

正如该项目网页②所记载的，这类技术涉及一些伦理和法律问题。其中一些是增强现实的经典项目，而另一些则不那么经典。为了审议这些问题，网站上有两份可查阅的项目报告。第一篇专门讨论道德和法律问题（7.1）［BEA 10］，由伦敦大学认知神经科学研究所的三名心理学家撰写；第二篇更具体地侧重于法律问题（7.2）［BEA 11］，由伦敦大学两名法律专家论述。

首先，通过对项目其他成员的访谈和文献的简要回顾，"交付品 7.1"试图分析使用这种技术所包含的各种传统伦理问题。例如涉及隐私保护（方面）的——移动虚拟化身（机器人）所代

---

① 南加州大学研究员、实地调查的新闻学专家诺尼·德拉·佩纳曾提到此类机器人在叙利亚当前冲突中的使用可能性。

② 见 http://beaming-eu.org/（2015 年 12 月 2 日查询）。

表的人的形象而记录的大量视觉、音频和触觉信息。在某种程度上，这些问题试图满足在第 1 章所提到的伦理审查中不同类型的需求。其次，还有其他一些不太常见的问题。例如，我们应该如何处理那些涉及情绪的"隐私"？哪些可以在互动过程中被记录下来而哪些不能？更具体地说，应该如何对这些情绪（信息）的保存、保护和使用（例如，想象一下，所有与愤怒时刻有关的数据都被窃取，并以恶意的方式使用）进行管理？为了回答这一问题，相关科研人员转向有关保护隐私的现行法律，这些法律可适用于这些新类型的记录数据。在这份文件中，他们接着回顾了与这些技术相关的伦理"风险"（因此，这些风险被视为伦理问题）[①]，例如，使用虚拟化身的人的身份被盗用的风险，或存在于存在者与不存在者之间的不平衡。设想一下，被机器人虚拟化身的用户可以更容易地以一种恶意的方式行动（与更传统的交流方式相比），因为他们与所交谈的人之间存在空间距离。因此，一旦主角不再直接互动，远程互动就会有利于另一方将自己的行为物化。最后，相关人员提出了在他们看来是最重要的伦理问题，并以此证明他们的关注点是基于心理学的，这个问题涉及人对自身的理解，这是与时空因素紧密相连的，而这即将被一种允许自我增强的技术所推翻。

本报告的其余部分以及随后的可交付品（7.2）几乎完全致力于该项目的法律影响。例如，当指控只能涉及人的时候，"机器人虚拟化身"造成的伤害如何限定？如果一个虚拟化身不能单独"行动"，他会受法律约束吗？当一个人在 A 国控制一个虚拟化身在

[①] 正如我们所记得的那样，它应该把有关这个项目的伦理和法律方面的所有工作汇集在一起。

B国造成损害时，哪种法律会适用于这种情况？更广泛地说，如果要在职业环境中广泛使用虚拟化身，那么现行的法律和规范是否能够调节其自我扩散？交付品（7.2）的两位作者（法律专家）提供了几种可能的方法来回答这些问题，他们着重于某些先前存在的国家和国际法律，并提出了一系列建议来探讨这些问题。

这个项目完美地说明了我们在第1章中所强调的伦理和法律的结合。在这里，伦理问题被法律所包含。因此，思考方向是确定已经存在的法律规范，并确定必须制定哪些法律规范，以解决使用机器人虚拟化身可能产生的诸多问题。然而，严格地说，这两个交付品都没有包含任何规范问题（法律以外的）。因此，道德问题被简化为风险评估（犯罪使用、身份盗窃、个人数据安全等）。我们在第1章中引用的伦理理论不包括在内，也不考虑这种技术所带来的隐含的价值论和规范选择（在作者的传统中，如德乌（Dewy）[DEW 39]、维贝克（Verbeek）[VER 11]或范·登·霍温（van den Hoven）[VAN 13]）。

这种对伦理问题的特殊认识，几乎完全是通过其与法律的关系来界定的，不可避免地涉及在法律上对责任的理解。参与该项目的科学家有法律义务尊重与其领域有关的国家和国际法律，特别是所有涉及人体实验和敏感数据的法律（第1章）。此外，技术的创造者应该为这项技术所造成的损害负有责任。但在这方面，我们仍然把责任理解为责备的责任和义务。然而，为了承担更积极的责任，理解这一技术使用的重要性及其局限性将是有益的：这些技术倾向于何种交流视角和人际关系？考虑到这些虚拟化身对他人物化所带来的风险，或它们可能带来的自我意识的改变，使用这些虚拟化身的限制是什么？如果第一个问题甚至没有出现，第二个问题，正如我们已经提到的，在专门讨论什么是"伦理"的交付品中都得到了明确的确定。尽管如此，它们并没有激发任何深入的、多元的思考，而这些思考本来可以让我们概括出一些东西。在这方面，诉诸集体探索活动（使用不同的技术发展情景），可能会使研究小组能够以更精细的方式构建这些问题，并设想可能规范这些技术使用或设计的道德标准。

这给我们带来了这个项目的最后一个盲区，这是从负责任研究与创新的观点来解决的：完全没有通过不同利益相关者的参与来共同构建这个项目的背景，而是把伦理和法律问题留给少数专家处理，但他们都不是哲学家或道德哲学家，他们所关注的是风险的存在。没有其他利益相关者出现在讨论中。通过采访参与该项目的科学家和简要回顾相关文献，确定了需要解决的问题。但是，反映的路线仍然是去情景化的：项目各个成员之间没有任何形式的内部深入讨论，也没有任何多元开放的方式让其他利益相关者或公民社会成员参与进来。虽然这类技术提出了广泛的问题，但这种反思似乎只是浮于表面的考虑（当涉及项目的伦理方面时）。

这一例子清楚地表明，必须打破目前正在进行的道德评估框架，以便逐步确定更复杂的责任形式。

5.2.2 案例 2：协商参与

与前一个案例相比，HUMABIO[①]（FP6，2006—2008）提供了一个项目的例子，该项目避免了道德与法律的混淆，并引入了第一级参与。HUMABIO 旨在开发一个生物认证和监视系统，允许对个人的身份进行认证，并评估和跟踪他们的情绪和生理状态，

---

① 利用生物动力学指标和行为分析对人体进行监测和认证项目，简称"HUMABIO"，译者注。

特别是他们在专业环境中执行某些任务的能力。例如，这将涉及识别卡车司机或飞机驾驶员，然后评估他们各自控制车辆或飞机的能力，以减少人为错误有关的风险（例如，通过检测异常行为、醉酒状态、抑郁或疾病）。

这个项目分析了几个伦理问题，其中大多数与这些技术的测试阶段有关，涉及用户个体（航空和公路人员）。例如，这些问题侧重于在测试阶段收集的个人数据存储和保护，在实验期间提供的医疗数据的使用（例如，如果参与者患有他不知道的疾病），或者涉及的实验条件（向参与者提交的同意书的含义和内容是否明确）。并在此基础上，提出了某些限制，如在测试阶段为了避免欺骗，需要在必要时尽快向参与者解释原因和讲清原则［HUM 06a，p.54］。

这里伦理问题的管理涉及更多的体制机制。该项目成立了一个伦理咨询委员会，由慕尼黑联邦国防军大学（德国武装部队大学）的一名司法心理学专家和三名自然科学家（巴塞尔大学法律医学研究所所长、因斯布鲁克大学的精神病学教授和德国马尔堡菲利浦大学一名研究睡眠问题的研究员）组成。该委员会还包括来自巴塞尔大学（神经科学应用技术中心）的一名人士，他被任命为伦理专家。该委员会的职责如下：

负责执行和管理项目中所有程序的伦理和法律问题，确保每位合作伙伴对项目参与者提供关于 HUMABIO 及其行为守则的培训。［HUM 06a，p.59］

几项反映了伦理问题的报告和成果已经被提出，首先，伦理手册［HUM 06a］提供了对上述伦理问题的深入介绍，以及与这些问题相关的国家和国际法规，并适当引用一份包含**使用备忘录**的伦理问题管理报告［HUM 06c］。这份文件特别提供了一份伦理清单，它必须由三个试验地点的主管填写，以确保尊重数据和实验条件方面的标准。它还包含一个技术表格，允许评估几种设备，例如面部识别技术或脑电图（EEG），以评估它们对隐私的尊重以及它们产生的数据之安全性。最后，**使用备忘录**确立项目成员同参与方（或最终用户）之间的合同。它界定了参与者责任（例如，照管技术设备或确保项目结果的机密性）和项目成员责任（例如尊重关于知情同意和保护个人数据的现行立法），从而说明了将责任解释为**作用或角色**的重要性（但也说明了限制）。最后，此文件还打算提及该项目的主要伦理难题，并提出一些解决这些难题的方法。

我们感兴趣的是，最终的治理工具引入了一种对此类技术潜在用户和参与测试阶段用户进行的研究参与方式［HUM 06b］，这项研究的目的是提高安全度和控制技术的社会可接受性，并通过准确确定哪些类型的传感器可以被使用（例如面部识别、语音识别、步态识别或脑电或者 EEG），以及在哪些情况下有什么限制（使用静态或移动识别的识别过程的最大持续时间，等等），从而获得合法性。

为了做到这一点，HUMABIO 首先对 293 名参与者（来自 7 个国家的 30 个不同组织）进行了一项研究，其中包括用户和来自研究中心或银行、清洁或运输行业企业的代表①。这份问卷的

①这项研究是由希腊研究和技术中心（CERTH）以及希腊运输研究所（HIT）共同进行的，这两家机构都是 HUMABIO 项目的成员。

主要局限性有：参与者对不同类型技术的经验、他们的偏好以及他们准备接受的生理检查（声音、面部甚至脑电识别）。这些调查问卷的一个有趣结果是，声音识别比生理信号（如面部识别技术或脑电图）的测量更容易被接受，而面部识别技术或脑电图在隐私方面被认为更具入侵性。

第二，HUMABIO 项目在四个试点地点进行了使用情况研究（即**现场测试**），并一如既往地使用了一份问卷来收集参与者的意见。这些程序使项目成员能够准确地确定运用生物鉴别技术的各种方案（根据传感器的类型和用途，例如卡车司机或飞机驾驶员），他们应当具备的特性（例如，进行识别所需的时间、测试的频率等），以及风险方面的建议（例如，以避免不同装置之间的电磁干扰）[HUM 06b]。

这个例子说明了参与的重要性，即在项目中包括的所有利益相关者，在何种程度上允许共同建设一项技术（例如，通过调整涉及脑电波设备的使用，以及更广泛地通过进行的现场测试确定不同传感器的参数和特性）。可以认为，利益相关者的参与（这一环节）是朝着负责任研究与创新迈出的重要一步。

在这方面，参与项目的目的是提高社会接受程度，即尽可能研制出满足接受测试的航空和公路工人之需要和喜好要求的装置。同时，值得注意的是，这也将减少他们在使用这些装置时对个人隐私的忧虑。

对这些技术提出的伦理问题进行多元化思考似乎并不是参与性治理的目标之一。伦理反思一般对这些技术提出的各种传统问题（安全、隐私等）进行详细分析，但没有对这些生物鉴别技术带来的问题进行任何深入的调查，例如，关于通过技术，评估人类能力日益增长的趋势。在这里，对伦理的理解与 ELSI 和 ELSA 方法（伦理、法律和社会影响等方面）是一致的，这些方法的核心是查明问题，但不是第 4 章末尾所建议的那种道德创新的做法。此外，该项目撤销了所有与这些技术相关的世界观分析，并且不利用规范性想象力进行预测。

同以问责和责任为中心的消极责任形式一致，该项目只应用责任的一个**经济**层面的含义：创新者和科学家致力于开发一种必须成功地满足市场某一特定需要的技术。责任的道德层面（问题）没有得到解决，这类技术对我们的实践、我们建立关系的方式或这些测试功能日益扩大的影响，在本项目所进行的分析中都没有涉及。然而，这使得致力于这些问题的研究小组，无法设想项目成员对于他们正在开发的技术的伦理可接受性责任更广泛的理解度。

最后，这一案例清楚地表明，根据我们在第 2 章中所提到的，参与并不等同于审议。首先，没有任何机制支持利益相关者之间进行深入讨论或交换意见。第二，关于规范的决定最终是由项目成员作出的。利益相关者被征求意见，并在技术设计中发挥间接作用。然而，他们对被问到的问题或与有关传感器使用方式相关的最终决定没有决定权。

在这里，我们可以反对这样的规范性工作，它可以扩展到由技术引导的世界观，或者支持审议而不是参与的（包含工具），将对 HUMABIO 这样的项目造成过度阻碍。然而，并不是所有的科学项目都会引起需要多元深入评估的伦理问题（第 1 章）。然而，HUMABIO 一案引起了人们的质疑，特别是与我们社会中伦理治理方法的扩散度有关。虽然该项目不能进行像在随后案例（Miauce）中所进行的那样深入的工作。这表明项目成员意识不到存在这样的问题。此外，我们可以设想，从事道德分析的项目将被迫对正在开发技术的总体影响进行哪怕是简短的思考，而且这样做的方式将有助于公众讨论。具体而言，我们可以设想在发给试点工作人员和参与研究人员的问卷中增加几个问题，涉及他们对检查技术的看法、他们的价值、他们信息可能受到的滥用度，等等。我们还可以设想为不同的试验站点组成一个工作组，支持规范性讨论，而不是集中于用户的需求和偏好，而更多地侧重于就一个或另一个设备的可接受度进行争论（例如，面部识别和脑电图）。

5.2.3　案例 3：深入而无力的伦理反思

MIAUCE 项目（FP6，2006—2009）的目的是开发多模式界面，以便分析各种情况下的人类行为（情感、眨眼、身体运动），从而得出尽可能适合的答案。分析了三种应用环境：安全（例如，检测会在运输方式中造成危险的人群异常行为或活动）、个性化营销（分析超市的购买行为，以增加货架的吸引力）和互动电视（分析用户在使用互联网电视时的行为，以便更好地针对建议性节目提供的内容）。

该项目的一个特殊性是，它包括一组社会科学研究人员（来自技术通信、技术哲学和社会学领域），以便考虑多模式界面提出的伦理问题，除此之外，还考虑所谓的"环境智能（ambient intelligences）"技术的影响、地位和意义，这些技术支持通信对象与人之间的交互，以及普适计算（在我们的环境中无处不在的传感器）。为了考虑这些不同的问题，工作组采用了三种方法，其结果在三个交付品（每年一个交付品）中呈现。首先，围绕各种伦理问题的讨论是在人文社会学科研究团队内部进行的［MIA 07］。讨论随后向该项目的其他成员、负责开发上述技术的科研人员和工程师开放［MIA 08］。最后，第三步允许利益相关者和公民社会通过两种不同的方式参与进来：（1）调查；（2）讨论小组［MIA 09］。

与之前的项目相比，"嵌入式"研究小组深入研究了环境智能和多模态技术的规范框架［MIA 07］。在第一阶段，科研人员试图回答以下问题：这些技术改变了哪些世界观？他们有什么价值观，并如何运用这些价值观？这些技术是否涉及范式转换，如果涉及的话，包括哪些内容？使用哲学和社会学中的著作（例如，福柯、杜威、罗蒂、柴尔德里斯和波尚的生物伦理学原则以及我们已经提到的价值敏感性设计方法），可交付性［MIA 07］提供了有组织性的反思——是从含义、影响、价值层面上对如何理解世界进行的反思，通常被环境智能技术所部署或忽视。

在第二阶段，反思线路被打开，包括 MIAUCE 项目的其他成员和工程师，特别是负责开发相关技术计算机工程师。

首先，人文社会学科团队和项目的其他科研人员联合起来为技术的每个应用（安全、个性化营销或交互式网络电视）定义现实的场景——即正常演进和"黑暗"场景。随着这些技术的发展，这种学习活动不仅带来了益处，而且带来了潜在的风险、漂移、界线和预期要遵循的规则。此外，它允许项目的科学家就他们自己的世界观展开讨论，并表达他们自己的价值观，他们认为，共同建设一项代表社会价值的技术。首先应该要求开发人员意识到该技术的非中立性，以及指导他们创建该技术的价值。在这里，我们远离了我们使用过的案例（例如 HUMABIO）中所包含的形式。其次，第二项交付品附有一项方法分析，其中有认识到这种方法的局限性，特别是所有评价都处于此地位这一事实。因此，科研人员表示，他们意识到自己要享用自己角色所赋予的力量，这是因为他们是项目的一部分，但同时又拥有一种特殊的观察视角，这与所讨论的技术尽可能接近。

最后，小组对与该项目开发技术相关的规范性评估进行了敏锐和动态的分析，并将其推广到其他利益相关者和公民社会。如前所述，使用了两种装置。首先，是通过互联网进行的一项调查。在发送给信息和通信技术专家的 500 封电子邮件中，有 106 名民众回应，以及 84 名因参与信息和通信技术等伦理问题而被选中的活动人士。调查使参与者能够表达他们的价值观（例如言论自由、选择自由以及隐私和治理的重要性），并确定他们的可接受程度。在先前提出的相同情景的帮助下，它还允许考虑是否可以使用技术的条件（一个是描述这些技术可能漂移的黑暗情景，另一个描述更积极的情况）。

第二种方法是基于焦点小组类型工作小组组织的一系列思考之上的。在六个工作组中，团队汇集了大约 60 位不同背景的人：大财团成员、新移民、一个侧重于社会行动的俱乐部成员、监狱工作人员和囚犯。这里的挑战是将危险人物、富人和处于不寻常情况下的人（如囚犯）组合起来，并确保一种形式多元化。这些计划再一次提供了一个框架，以便思考与所涉技术有关的个人价值，并通过允许表达规范的多元化，推动了规范性审议。此外，通过用户或公民社会的担忧和警惕，目的是让项目的科研人员限制有关技术的滥用，并在其设计上作出一些改变和努力。

因此，这个例子说明了一个深入的伦理思考的元问题，而不仅仅是以列表的形式来确定伦理问题。这里的项目背景是共同构建的，因为技术带来的问题不仅通过专家分析确定，更要通过多方合作确定，包括参与该项目的其他科学家和公民社会的某些成员。但是，参与性措施旨在收集关于各利益相关者评估技术方式简明和丰富的信息，但并不旨在交换论据以达成决定。归根结底，规范决策权仍然掌握在项目的科学家手中，他们可以自由决定是否由科学家根据调查结果修改技术设计、工作组和反思网络。

项目有多方参与和建设的背景，但不一定共同建设项目技术本身。因此，本案例与前一案例正好相反。通过 MIAUCE 案例，在深入分析与技术相关的问题并且在其改造社会潜在能力的帮助下，可以共同确定潜在问题。然而，技术设计仍然是项目工程师的特权。尽管如此，与其他项目相比，本案例采用了严谨的伦理规范方法，其前提是集体制定问题，并且受到嵌入式科研人员工作的启发，存在一定程度的反思性。因此，结合了两个条件。然而，这一案例也说明有必要从审议角度重新界定列入的条件。为了确保一项技术的多元化发展，应赋予参与包容进程的人（相关）权力以赞成各种选择和改变与他们有关的选择。当然，向公民社会"开放"的选择不可能集中于技术的每一个方面。但是，开放这些方面的一些讨论，将有助于提高创新和研究治理的规范有效性。最后，即使这与技术多元化发展相关，但该项目缺乏一定的响应性，使其容易根据 HSS 团队参与审议和纳入过程的结果而发展。

5.2.4 案例 4：审议中的"不合作"现象

该项目由法国农业科学研究院（INRA）于 2001 年至 2003

年在法国实施，其任务是领导多元思考，以配合转基因香槟试验的发展[①]。21世纪初，在转基因生物存在争议的背景下，酩悦公司放弃了与法国农业科学研究院共同设计的关于转基因香槟藤蔓的研究项目，决定将其所有实验材料交给位于法国科尔马的法国农业科学研究院独立研究。后者，为了避免大规模抗议，特别是来自反转基因活动人士的抗议，有关人士建议在该项目中应该包括一个人文社会科学研究小组（由两名社会学家、一名官员和一名来自秘鲁的顾问组成[②]），以便为该项目提供审议内容。

在参与式技术评估过程的启发下，该团队采用了一种交互式技术评估方法。因此，工作组由14人组成，汇集了科研人员（葡萄病理学和植物病毒学）、葡萄酒行业的各种人士（葡萄园艺师、苗圃主、葡萄酒种植者）和"公民社会"的成员（一名教师和一名专门的教育家），共同工作了7天。选择这些参加者，是因为他们的世界观和他们所代表的相反观点的多样性，而不是为了统计人口的代表性。某些问题一提出就立即被排除在外，理由是其倾向于战略互动，而不是公开讨论。

按照上一个项目的例子，团队被"嵌入"到项目中。由于三分之二的成员属于法国农业科学研究院，这一实验的主角们从一开始就不可避免地提出了有关独立性的问题，并明确地提出了这些问题，并将其贴上了审议的标签。为了找到平衡这种偏见的办

---

① 该项目的大部分成果都被集中总结在［BER 05，JOL 07，MAR 08］和该团队的最终报告里［INR 02］http://inra-dam-front-resources-cdn.brainsonic.com/ressources/afile/236123-0d0cb-resource-rapport-final-du-groupe-de-travail-pdf-.html（accessed December 2, 2015）。（2015年12月2日查询）
② 顾问内阁专门负责工作中的个人和集体变革。http://www.initiales-reseau-pluridis.com/（2015年12月7日查询）。

法，一个独立的评估委员会（汇集了外部专家①）负责评估整个程序和所提供的结果。

我们可以看到，与之前的项目相比，这个项目建立了一个复杂的包容性方法。首先，研究小组提到了对一些问题的深入定性讨论，这些问题是与参与者共同构建的②，以防止问题的"框架"由专家单独讨论进行。其次，专门考虑有关葡萄酒和葡萄藤的特殊问题，以及与这些不同种植方法相关的价值和象征意义。在这次会议上，提出了几项建议，主要目的是确定应用全球范围内藤蔓植物的种植条件。例如：

葡萄酒在法国和世界各地象征意义的基础［INR 02, p.10］，以减少藤本植物可能引入的负面形象，或发展多种生长方法，以保护藤本植物的遗传多样性。［INR 02, p.10］

尽管有人批评它本可以遭到反对，其中一些在研究开始时被确定（从统计角度来看，工作组成员没有代表性，排除了非政

---

① 该国际委员会汇集了来自法国和国外大学的四名哲学家和科学社会学家、一名法律研究员和一名环境政治研究员，他们也被任命为设备部的成员。
② 向该小组提出的第一个问题是："对于可能对扇叶病毒产生抗药性的砧木进行公开研究是否合适？"在第一个工作阶段结束时，以下列方式重新拟订了这一概念：通过这一转基因砧木的实地研究项目，在哲学、社会、经济和技术方面发挥了哪些作用？在所有关于葡萄病害的研究需求中，如何确定科尔马的转基因植物种植次序？是否应继续 INRA 对转基因葡萄的研究（或"INRA 是否应继续其对转基因葡萄的研究"），如果是这样，在严格的研究目标框架内进行实地试验的条件是什么，或者是否有可能推进品种创新？［INR 02, p.2］

府组织，缺乏来自法国农业科学研究院的研究^①），这个审议实验至少提供了在讨论中共同构建规范性问题的可能性，同时旨在避免由伦理委员会引起的自上而下的治理（问题）。此外，以MIAUCE项目为例，伦理方面的考虑丰富而广泛。它们超越了简单的问题清单框架，以便将重点放在一项技术所传达的价值理念上，这一技术是由众多参与者，即由一个聚集了许多不同世界观的人的工作组共同思考提出的。最后，与以前的项目相比，这一审议进程的最终结果对有关技术的发展产生了直接影响（尽管影响有限，正如我们将看到的）。工作组的目标是就全球机制藤蔓的实验提出结论和建议（在实验室、温室和野外进行实验是否有用，如果是，在什么条件下进行）。然而，从一开始就由法国农业科学研究院理事会（研究发起人）决定，这些结论将是咨询性的，并不能发挥实质作用。因此，爱尔兰共和军理事会没有遵循这些建议。然而，高级主管致力于公开说明可能违反工作组建议任何决定的正当理由。最后，决定对转基因葡萄藤进行开放式田间试验，尽管工作组内有两个声明明确要求停止它们（另外 12 个发言支持），并且大多数活动家都在这一主题，如绿色和平组织、公民科学基金会和农民联盟，也要求停止这些实验。但董事会尊重其作出决定的承诺，并将其背后的原因公之于众［BER 05］。

最后，该项目展示了利益相关者的包容性努力，其基础是关于质量辩论和审议问题的集体建构，在此可以讨论关于伦理的各

---

① 例如，见由几个非政府组织（公民关注转基因食物和种子信息的组织、绿色和平组织、公民科学基金会）签署的一封信，可在以下网址查阅：www.infogm.org/img/rtf/ogm_vine_1_1-2.rtf.（2015 年 12 月 2 日查阅）。

种论点和观点。在这方面，一种形式的责任产生于对框架的多元建构、所要审查的问题、其答案和提出的理由，其能力尽管有限，但是对技术发展的影响比以前的项目更大。法国农业科学研究院承诺考虑到外部评估的建议（一个具有各种专门知识和合法性的多元工作组），与其他案例相比，它在落实回应能力方面做得更多一些。此外，因为它包含了对与技术相关的价值观和世界观的深入考虑，这个项目朝着负责任研究与创新迈出了额外的一步。

然而，审议结果和最终决定的脱钩（进行公开研究），即减轻对审议结论的重视程度，在本案中可能被低估了，正如案例的结果所说的那样（2010年54名来自反转基因活动背景的志愿者在科尔马砍掉了藤蔓）。

项目的结论展示了法国农业科学研究院决定的合法性漏洞，正如反对转基因生物的人所认为的那样，即使我们可以对他们的方法提出异议，我们也要这样做，即削减打算用于研究转基因的计划经费。虽然将激进分子排除在审议之外和不将其意见纳入统计的选择无可厚非，但事件的其他部分显示了（此种做法的）代价。应该认识到，目前还没有任何参与式技术评估类型的机制能够将冲突中最极端的各方聚集在一起，至少在冲突仍在进行时是如此。协商民主的理论，运用这一理论框架，在面对更好的论据时，有效地依赖于可能改变的观点。如果我们认为是对的，我们有需要了解面临审议的危险，我们就必须转向建立其合法性的其他方法，例如通过选举和提名。

我们已经触及任何项目在参与审议进程之前必须提出的基本问题的核心：哪些参与者应该包括或排除在外？审议机制的最后

结论应得到何种重视？应该采用哪种决策方法（多数、一致、否决权等）？在此，我们回到了贯穿本书的结论，即有必要从理论角度和通过实际实验分析与评价审议措施的有效性以及在未来的欧盟项目中对这些不同参数（参与能力、结论权重、交流质量、表决方法等）进行调整。

5.2.5　项目分析的结论

回顾这些不同案例，都没有使用负责任研究与创新的方法，来说明伦理和审议的不同关系。首先，正如我们已经多次提到的，审议与伦理的关系跨越了几个层面，从旨在确定待解决问题的 ELSI 方法——通常只是在专家的帮助下（他们有时既不是哲学家，也不是伦理学家），到更丰富的分析，其中包括技术的重要性及其与规范的一致性，允许项目科学家和社会参与者的参与，掌握并思考某一特定技术的主要规范问题（对科学有累积观点的项目记者，或其他依靠同事结论向前迈进的科学家）。

其次，我们已经看到，这些项目根据分配给每一阶段的目标（包含条件）而有所不同。后者在第一个例子中是不存在的。第二个案例说明了企业认可的一种包容形式，允许它们尽可能地根据用户的喜好配置技术，而第三个和第四个项目则基于不同但更复杂的审议手段，强调框架（反身性条件）的共同构建，以及深入的伦理反思。然而，后两种情况表明，当参加审议的人对最终决定（审议条件）几乎没有影响时，就会出现困难。这一缺陷实际上降低了项目在面对可能的批评（回应的条件）时作出反应的能力。

从负责任研究与创新的观点来看，这意味着必须以一种深入和协作的方式来考虑伦理问题，而其他条件（反身性和回应性）

被包含在容纳条件中，而这些条件应该在审议阶段进行改良。事实上，确保审议质量的审议手段需要某种形式的反身性，以达成语境的共同建构，无论它是规范性的还是描述性的。此外，如果参与者对决策某项技术发展的某些决定拥有真正（也许尽管是有限的）权力，它们就会招致一定的回应能力。因此，从这些案例研究中，我们可以得出两条相当笼统的建议，为确保负责任研究与创新进程：

（1）确保欧盟资助的科学项目采用的审议机制能提供进行高质量讨论的交换意见；

（2）迫使项目更加重视通过这些审议机制得出的结论，以便使这些结论更直接地影响相关技术的发展。[①]

5.3 ｜ 参与性的制度设计

为了完成我们对负责任研究与创新治理的思考，我们将目前为提高公众参与度而设计的所有已知制度工具纳入研究。事实上，在参与式技术评估的框架内已经存在许多参与性的手段。只要提到他们的名字，就能展现出在制度设计方面的构想。然后，我们将对这些治理措施提出一些一般性意见，这些措施也是有效的。

各种项目研究中正在出现的参与性工具或程序很多，其中一些已经过时。对技术进行包容性评估，无论是否具有争议性，都

---

① 当然，协商民主理论的首要目的究竟是让与会者表达自己的观点，还是要有最终的统一决定，这个问题仍有待讨论。这两项活动没有受到同样的压力，也没有产生同样的结果。

将有力促进制度创新。这可能会形成一个悖论。事实上，道德想象力已经通过对复杂技术问题的讨论得到了证明。如果我们在制度创新中认识到技术创新的作用，或许这种矛盾就不会那么紧张了。

当然，人们可以从不同的角度来考虑创新，而不是把普通公民放在某些机制的核心位置。这一新措施的效果之一是为公民或各利益相关者提供新的表达形式。在某种程度上，不仅是跟踪制度性研究形式——它是由技术创新及其成果在很长一段时间后投放市场所带来的影响中产生的，也允许人们尝试（由此结果）产生的某些民主承诺的兑现。在我们的代议制民主制度下，这些承诺在很大程度上是不充分的。今天，代议制民主制度因其不透明性和某些形式的寡头政治而受到谴责，在这种情况下，代表与大多数公民的日常现实脱节。这甚至更适用于欧洲公民，因为在这些 PTA 试验中，他们有机会体验这种与欧洲议会选举不同的超国家公民身份。对于他们来说，更重要的是能够对欧洲层面一致研究融资选项发表意见。

尽管从参与和治理的角度来看，PTA 方法和负责任研究与创新问题是一样的，是被选择的，这些选择有利于并负责某些阶段的评估，这些评估可能是公开的，也可能是保密的 ①。一些作者统计了 50 多个程序［SMI 05，SLO 03，REB 05b］。我们将侧重于一份更加严谨的清单，这证明了正在酝酿中的某些构想：公民陪审团、协商会议、审议会议、特尔斐法和沙雷特法、焦点小组、规划委员会、设想讲习班、"展望未来"消费者讲习班、全

---

① 在此，应当讨论 RRI 的开放原则，这可能会对继续论证产生负面影响。事实上，公众审议过程有时质量较低［STE 12］。

球咖啡馆、民意调查（有或不审议）、问卷、公民咨询委员会、投票会议、互动式技术援助、建设性消费者技术援助、与谈判规则有关的特设委员会、跨学科工作组和政治角色扮演。

列举这些不同的程序表明，对技术、法律、研究项目和政治措施进行评估有许多不同的方法。通过更仔细地考虑这些问题，我们可以看到，它们安排并突出了从提出问题到作出决定过程中讨论环节的某些不同阶段。虽然它们的执行情况各不相同，但它们将特别限制因素强加给执行主体。这些约束以不同的方式分解和部署位于设备核心的责任。

5.3.1 程序的标题

对程序标题的小改动可能导致工作方向的不同，需要不同的参与者，并建立各种限制框架。因此，这意味着对责任的期望和定义千差万别。

例如，让我们以丹麦在修改医学共识会议之后设立的协商会议为例。这一术语构成一个主要制约因素，即在非常多元化的会议上和在很短的时间框架内就编写报告达成协商一致意见。这往往意味着在第二天的新闻发布会前一整个下午和整个晚上都要工作。为了达成这一共识，与会者必须接受最低的共同标准。他们有时无法做到这一点，因此，在他们的最后报告中记录了两个不同的版本。从理论上讲，作为一种协议形式，有其他选择可能比协商一致更可取，例如对不和谐性的默许。在 15 年后将丹麦程序移交给法国时，这一称为共识的说法遭到拒绝。组织者更喜欢谈论公民会议。这一决定有望给予个人评估更多空间。

5.3.2 社会本体论

这些程序往往隐含地运用了不同类型的社会本体论，即对个人和社会群体之间构成关系的理解，而这些理解只需加以明确区分，以避免在不同的事物之间进行比较。在这里，组织者对于规范的关注性和基于社会理论理解之间的隐含联系，影响了参与者建立他们的评估方式，使其变得错综复杂。社会本体论的选择改变了原则和参与机制。虽然对社会本体论的观点是非常具有相关性的［KAH 02］，但它并没有告诉我们与它有关的其他四个重要方面。首先，如果个体代表被选中，那么他就与他所代表的人联系在一起，并且来自一个同质的群体。第二，他受到参与程序的其他成员的影响。第三，在这些辩论中，个人是否应该表达自己的观点，坚持自己的观点，捍卫自己所代表之人的观点，还是与其他参与者达成一致？这可以有几种形式，例如审议性分歧或妥协，而不是简单地采取协商一致的形式。第四，在评估进程某些阶段的某些时刻，不应该为某种程度的保密辩护吗？经典投票方案中的投票站，或菲什金（Fishkin）经典版本中的审议性陪审团，通过某种形式的保护，避免了群体的"暴政"，从而为最弱的参与者提供了公平待遇问题的解决方式。

5.3.3　收益率和参与类型

例如，公民陪审团的参与者取决于他们未曾接触之问题的框架，但他们能够通过协议或投票作出最后决定或制裁。相反，大会（Etats généraux）是非常开放的，提供大量信息，这对许多人来说是在其他阶段得不到的。协商一致会议或公民会议往往是合法的，它们进行一项调查，以便向公众提供由公民撰写的报告（载有答复、意见表达和建议），而参与、监测、评价和报告则主要致力于评估问题本身和评估阶段（询问、衡量、信息选择、分析、归还和行动计划）。因此，对这些程序的参与性可能是最低限度的，因为它受到了强烈的争论性要求的制约，而且确实带来了解决冲突的希望，而这种希望有时是建立在信仰的跃进之上的。因此，这些程序对各种形式的治理作出了回应。

5.3.4 参与者的能力，角色和美德

单靠程序是不够的，还必须有规则。然而，这些问题往往很简短，解释也不充分。例如，法国国家公共讨论委员会就属于这种情况，该委员会要求进行讨论，但对这一概念没有一个明确的观点。同样，它要求尊重参与者之间的平衡原则，无论他们是专家还是公民。这几条规则是通过实验建立起来的，没有任何观点能去证明它们是合理的。

在负责任研究与创新看来，对称原则很少出现在责任作为能力、美德，甚至作为任务或角色的情况下。这种对称虽然允许自由和平等个人之间的公平合作——政治自由主义追随者对这一概念进行了经典的辩护——却只提供了一个基本不能保证各参与者评估质量的先决条件。当然，这些参与者可能相处得很好，甚至建立持久的关系，但这不是他们在那里的原因。在某种程度上，政治层面的考量降低了讨论的质量和准确性，政治层面主要是为了确保与会者之间的良好合作，或在无法充分讨论可利用的不同立场和选择之情况下从会议中取得协商一致意见。

有了这些讨论，我们距离关于指标的文献或报告［EXP 13］相去甚远，因为这些文献或报告只试图查明参与是不是真实的。如果我们希望从不同包容性更强和较不专业的群体获益，我们就必须认识到，参与性指令比连贯一致地进行讨论容易得多，而且也比其评估容易得多。如果我们考虑纳米技术或转基因生物公民会议的情况，那么，技能分布不对称群体的参与纯粹是一种象征

性行为，还是一种煽动性行为，很快就会被遗忘，或者更好的是，这是一种不可能以令人满意的方式进行的活动，因为这种人的集会在现实中根本不存在。事实上，在我们长期以社会分工为标志的先进现代化社会中，我们倾向于根据所主张的技能，将不同的责任分配给每个人，这难道不是我们社会效率的代价吗？

更重要的是，必须认识到，我们没有充分质疑参与者的能力和作用，这是对责任的两种理解。事实上，由丹麦议会支持的丹麦技术委员会（DBT）创建的为期三周的协商一致会议在其他地方进行了试验，改名为公民会议（在法国）或公共论坛（在瑞士）。这些小组由15至30名公民组成，他们取代了医学共识会议上的医生，这是委员会的办法。这是在资格和能力方面的重大变化，因为公民的能力不能与作为审议专家的医生相比。具有丰富经验的医学同事，或为确保多样性而根据社会人口学标准挑选的普通公民，构成两个受众，这不仅会造成困难，而且会导致不同类型的结果。例如，医生可以用更中肯、更深入的方式评估同事的断言。然而，问题的范围较窄，而最重要的只是医学方面的重要问题。在由公民组成的受众框架内，专家不能依赖高水平的隐性知识。他们必须投入大量的精力来交流他们的专业知识，这在一个多样化群体中始终是一项艰巨的任务。这种知识的转移往往带来含蓄的判断，而不仅仅是医学领域。他们有时被迫解释其学科框架相关部分的隐含方面，例如当他们被问到对健康有害的阈值剂量的某些问题时，例如在核能方面。令人遗憾的是，这往往是在阴影（笼罩）中，而在科学争议的情况下，这是一个先决条件。我们必须知道证据是如何提供的，还有哪些不确定因素。

公民参与作用的最后一个重要方面是公民对所讨论的技术有

更广泛的认识。因此，我们更加接近社会的可接受性，再次使用这一表述，这在公共政策中是同样重要的，因为它具有欺骗性质的复杂性。虽然受邀参加参与式技术评估活动的人可能是公民，但他们并不构成调查所用的代表性样本，只是在政治上代表公民社区而已。此外，参与式技术评估和未来的程序构成了一种有限的经验，并非每个人都以不同的方式接触到我们日常生活或选民生活中的信息来源。

代替普通公民参加听证会的医生、科学家或其他专家的先决条件是，这两类参与至少应被认为有其独特的优点。这种差异对于参与式技术评估是至关重要的，因为责任既可以被理解为角色（任务）或能力，也可以被理解为职责或美德。

对更多卢梭主义灵感的讨论可以从这样的评估中引出：今天，人们必须能够找到方法，创造更多的主权—人民—真正的参与，而这种包容的任何扩大都会加快民主承诺的实现。在同样的方向上，我们可以估计，对一些人来说，新技术带来了经济、就业和人民社会生活的希望。当它们在另一些人中引起恐惧和不信任时，将对受影响者的世界造成殖民和不稳定（的后果），在某些情况下，这些人可能成为受害者。面对这些或多或少得到承认的公共科学争议，这些公众成员和关心这些对环境有潜在威胁的人的参与变得很有必要。我们还要补充说，在财政资源日益匮乏的时候，我们可以估计，研究必须部分地旨在应对欧盟在 H2020 框架内提出的重大社会问题。这些问题被视为欧盟国家一级的优先事项 ①，这里还要求参与协作。

---

① http://www.eurosfaire.prd.fr/7pc/doc/1323164738_doc_17933_11__fr.pdf.
（2015 年 12 月 2 日查询）。

5.4 | 混合审议和机构间审议

我们现在将提到两个试验，它们结合了参与式技术评估特有的几种方法，可能涉及负责任研究与创新，特别是关于参与、治理和伦理的三大原则。这些例子负责在小范围公众中增加参与和反思的公开性。事实上，这些非常有限和非常偶然不具代表性的公民会议试验经常面临批评，认为它们在参与方面比伦理委员会略胜一筹，但质量却不一样。第一个案例是全国性的，第二个案例具有跨欧洲的视角。这两项实验走得很远，让成员们习惯了生物伦理委员会与普通公民的密切接触，以便暴露在公众辩论的狂风中。

5.4.1 生物伦理公民代表大会（法国）

法国的这一传统①——著名的法国大革命时期鼎鼎有名的三级会议——是一个重要的参照，它是为了现代世界中遇到的各种问题更广泛的公众讨论而提出的。这里提到的试验是令人不快的，因为与其他主要是欧洲国家的做法相比，这些国家更愿意与专家甚至伦理或宗教当局协商，而不愿与普通公民协商。生物伦理公民代表大会（Etats généraux de la Bioéthique，简称EGB）就是这种情况。我们将简要地介绍这些情况②。

整个生物伦理公民代表大会包含各种功能。这些都可以在致

---

① 这种做法可以追溯到法国的旧政权。它于 1302 年由菲利普四世成立，众人第一次聚集在巴黎圣母院，支持国王与教皇博尼法斯八世就权力争端和国王对神职人员财产征税一事产生辩论，讨论不同意见。
② 进行详细的批判性分析［REB 10a，REB 10b］。

力于这个实验的网站上找到①。

（1）第一次是以听证会为基础，其中一些听证会"与在议会特派团框架内组织的关于修订生物伦理法的听证会相同"。其他活动以圆桌会议的形式举行，参加会议的有从事 2004 年法律评估工作的机构代表，如国家生命科学与健康咨询生物伦理学委员会（CCNE）或国务委员会。在向法国总统提交生物伦理公民代表大会报告之日以后，对该文书采取后续行动。例如，12 月 19日卫生和体育部长罗塞琳·巴舍罗特举行的听证会就是这种情况。

（2）在同一"重点"类别中，还有三个"公民论坛"。这些建议被认为是"公共辩论的中心内容"。每一个都只侧重于"大会生物伦理学的一两个主题"。具体而言，所涉主题如下：

①在马赛：

a. 胚胎干细胞研究；

b. 产前和植入前诊断；

②在雷恩：

医疗辅助生育（MAP）；

③在斯特拉斯堡：

a. 切除和移植器官、组织和细胞；

b. 预测医学和基因特征检查。

之所以选择这三个大城市举行这些辩论，是因为它们是"区域动员的代表"。接受采访的一位组织者为这种神秘的表达方式进行了辩护。马赛之所以被选中是因为它是充满活力的伦理中心，雷恩是因为它在生物伦理法方面的传统，而斯特拉斯堡是因

---

① 见生物伦理学一般国家网站：http://www.etatsgenerauxdelabioethique.fr/（Accessed on December 2, 2015）。

为它为宗教和神学创造了特殊的空间。事实上，这是法国唯一的以"协和"名义的神学学院（包括新教和天主教）。

这些论坛围绕着"陪审员之间的三方辩论"（他们将受益于经过调整的适合就所有人都能理解的复杂主题进行辩论的培训）、"关键证人"，以回答陪审员、会议室中的群体和互联网用户提出的问题。

然后介绍关键证人，他们"是根据每个论坛的主题挑选的。他们是科学和伦理学的专家，哲学家……"。下面的分析将表明，哲学家很少，绝大多数是医生。

这些论坛"以国家论坛结束"，在巴黎的化学之家（Maison De La Chimie）举行（2009 年 6 月 23 日）。据说"在此期间"，"应当对这些公民活动的工作进行总结"。

通过浏览生物伦理公民代表大会的网站，我们可以访问视频和马赛新闻发布会。

（3）建立了一个专门针对生物伦理学大会的网站。这必须利用"对意见立即采取行动的优势，以及与公众互动的能力"，就像当时的法国总统尼古拉·萨科齐（Nicolas Sarkozy）在总统聘书中所要求的那样。事实上，在组织者眼中，生物伦理公民代表大会是"面向公众和公民"的。互联网用户能够提出"具体的"问题，遵守由下列要素组成的章程。首先，这些问题必须和"与……相关的主题"有关。生命伦理学的法则"如果这些问题包含侮辱性、诽谤性或种族主义言论，涉及第三方或有道德的人，'作为真正不准确的统计数字或事实提出'，或者是在提问时间之外提出的，则不考虑这些问题。该网站保证，'符合宪章条件的所有问题都按主题分类并发送给论坛组织者'，那些'最常被问到的问题'将由公民论坛上的关键证人提出。组织者认识到，并非所有问题都可以在论坛上讨论"。

（4）最后提到"区域会议"。这些活动由"特别是伦理空间"（大学医院中心）组织。应当指出，负责者"必须选择自己的主题"，并提交一份报告。这将张贴在生物伦理公民代表大会的网站上。其中一些报告将在生物伦理公民代表大会报告的附录中列出。该网站还为这些论坛指出，"多学科专家将这些问题公之于众，并向所有希望表达意见的公民开放辩论"。此外，这些会议必须遵守"良好实践章程"。

这里没有足够空间来涵盖在这个不寻常的实验研究项目中进行的所有分析［REB 10b］。如果我们忽视准备时间太短，使这项试验难以适当进行这一事实，以及议会几乎没有考虑到公民建议这一事实，我们可以通过组织三次公民会议，看到治理方面一项有趣的创新。这三种不同的观点在他们的参与者、地点和邀请的专家方面都是独特的。由于信息和通信技术使人们能够提出问题与出席这三次会议，包容性得到了增强。在其他地方，这种增加的公开性被其他侧重于生命终结的大会（所做）的相反决定取代。负责建立这类工具的国家选举委员会主席没有透露公民举行公民会议的地点，这样做的目的是为了确保平静和安宁。

生物伦理公民代表大会在法国也是第一次召开，因为一个完全合乎伦理的生物伦理主题是在专家委员会之外讨论的。生物伦理公民代表大会还涵盖了以前在瑞士进行的试验：2000 年（11 月 24 日至 27 日）举行的关于移植医学的公共论坛和 2004 年（1 月

23 日至 26 日）举行的关于人类研究的公共论坛。①然而，这一雄心勃勃的实验有几个缺点，这是由总统倡议产生的，这在参与式技术评估中是罕见的：

（1）宣布的目标与所用方法之间出现的差异。伦理、生命伦理，甚至法律修订，都没有明确地表述。讨论的主要目标是法国总统聘书中提出的"驱散不必要的恐惧和我们虚假的希望"之提法；

（2）所实现的设备几乎占据了聘书对使用通信技术的邀请。互联网是从互动性和同时性的角度提出的，组织者使用了一个事实不明的公式。事实上，我们希望从"立即按意见行事"中得到什么好处呢？

（3）关于国家论坛，对上述档案的分析表明，这不是区域论坛公布总结的时刻。虽然有公民在场，但三个小组中的公民都没有表达自己的意见。除了少数几份（意见）能够迅速回到这些区域论坛的报道外，该方案没有为总结留出多少空间。这让我们注意到一个例外，即在生物伦理公民代表大会网站上进行的定量分析和专题分析；

（4）然而，从伦理和责任的角度来看，最重要的限制可以被指出。一方面，组织者不希望邀请病人作为参与者，原因是避免"屈从于同情"。另一方面，"关键证人"同时被医学专家和科学及伦理专家提到。这对一个人来说可能是很大的负担。"区域辩论"也由特定的人组成，因为他们要求"多学科专家"。

但专家很少是行家。我们甚至可以把不同的角色强加给行家，

---

① http://www.ta-swiss.ch/f/arch_biot.html（2015 年 12 月 2 日查询）。

他们尽可能遵循调查路线，而专家则相反，他们表现出更大的距离（感），这意味着他们能够主张不同的、有时相互矛盾的立场。

然而，"关键证人"的呈现超越了这一点，因为其特殊性既是科学的，也是伦理的。伦理学方面的专家很少，同时具备这两种能力的人更少①。

鉴于所提出的问题，在科学或人类学中，仅提及"哲学家"一词，而不具体说明这是否指道德哲学家、应用伦理学家、生物伦理学家，则使"关键证人"的地位更加成问题。

这些措辞的选择已经说明了许多关于如何对待伦理主体的问题。自相矛盾的是，生物伦理公民代表大会并没有承认伦理上的专业性。

至于法律专业知识，"关键证人"没有提到这一点，只有一名法律从业人员是"关键证人"。

5.4.2 讨论大脑研究的欧洲"思维会议"

思维会议项目重点是未来对大脑的研究②。报告内容如下：

为期两年的③……试验计划为了给公民提供独特的学习机会，……讨论他们的问题和想法……与科研人员、专家和决策者，……并在一份最终报告中提供个人成果，详细说明欧洲人民④认为是可能和可取的……以及他们的建议。

---

① 据我们所知，在培训人员中只有一个人拥有这种双重级别的培训。我注意到这个人没有被选为"关键证人"。
② 全称是大脑会议，欧洲公民脑科学评议。
③ 从 2005—2006 年开始，让公民参与这一程序。
④ 这一说法应稍作修改，因为只涉及 126 名公民。

报告描述了某些目标，例如让欧洲公民参与对大脑研究问题的评估和公开讨论，以及赞成与科研人员、伦理和政治专家、各利益相关者和欧洲组织代表进行讨论，所有这些人都将作出决定。组织者希望能给欧洲政治和更广泛的公众辩论提供动力，以帮助制定一项大脑研究政策。最后，该项目的一个目标是"在欧洲跨国层面上发展新形式的社会辩论和决策过程"。组织者在项目结束时表示满意①。顺便说一句，其中一人甚至在向欧洲议会提交最后公民报告时吹嘘，他们已经增选了"最优秀的翻译人员、从业人员……和专家"的机会②。的确，这个项目需要大量的技巧。我们可以肯定该网站所做的贡献，该网站介绍了整个程序和主要（国家和国际）结果，以及"欧洲审议"自身之后采取的举措。各种程序混杂在一起，值得注意的是两次欧洲会议，并辅之以三次国家会议③。关于方法的细节，我们只能在这里简单地提到它们，指出这一措施的综合性质。例如，在布鲁塞

---

① 这个项目刺激了另外两个规模更大的项目——其中一个项目在当时的 27 个欧洲联盟国家动员了 1800 人之后，在布鲁塞尔又集结了 250 名公民，以便向政治决策者提出建设欧洲的建议。第二个项目涉及欧洲 10 个地区的大约 500 人，他们讨论了与农村地区未来有关的欧洲政治问题。区域论坛派出的 87 名代表在 3 天多的时间里以六种语言进行工作。见欧洲公民协商会议（ECC，2006 年 10 月 –2007 年 6 月），http://www.european-citizens-consultations.eu 和欧洲公民小组"未来欧洲农村的作用"。

② 据该项目协调员称，所使用的人力资源包括 45 名翻译和 75 名支助人员（具有各种技能），来自欧洲联盟委员会的预算为 80 万欧元，来自比利时博杜安国王基金会的预算为 100 万欧元。

③ 例如，在法国，2005 年 5 月组织了一次初步会议，以便与会者利用案例研究熟悉这一主题。在第一次会议期间选定了主题之后，第二次会议设计了大约 30 个问题，并与"脑科学和社会"科学委员会的 5 名撰稿人一起深入讨论了这些问题（2009 年 9 月 23 日至 24 日，城市科学与工业，巴黎）。在一次公开辩论中（2005 年 11 月 26 日至 27 日，城市科学与工业），19 名专家提供了所需的信息。14 名选定的公民随后提出了他们的结论和建议，见 [REB 11a]。

尔举行的第一次会议期间，采用了 21 世纪市政厅法（Town Hall method），这种方法允许在大型公开会议上进行审议，用来确定和选择主题。人们在一个巨大的屏幕前分桌而坐，实时地显示每一次讨论的结果。然后利用这些结果进行一轮又一轮的讨论，并进行一系列表决，以此确定优先事项和作出决定。随后三个全国性周末会议以协商一致的形式举行。第二项为期三天的欧洲公约综合了各种方法，以加深对问题的讨论，并考虑各种意见：旋转木马和欧洲咖啡馆①。第一次会议将约 40 名公民聚集在一间屋子里，按语言分桌（8 至 10 人的卫星桌），讨论一至三个主题。处于屋子中间多语种圆桌的与会者可与从周围圆桌中派出来的代表进行丰富交流。每届会议期间都有一至两名专家发表意见。一些公民被指定（为专家）做笔记和协助专业作家。欧洲咖啡馆的会议允许公民进行轮换和参加其他旋转木马的会议，以便提出主题和建议，这些主题和建议是在分组中投票决定的。全体会议期间，在记者撰写的一份文件的帮助下，在作者协助下，进行连续投票，以确定和批准最后报告的组成。公民按国家分组。

在呼吁制定质量标准的同时，组织者在保证该方法的文件中呼吁：

> 需要一个工具箱，而不是一个标准程序，一个可适用于每个具体案件和每一政治背景的工具箱，并应采用不同方法的组合（p.47）。

---

① 对全球咖啡法的回应。

欧洲和美国两组织者之间的紧张关系和竞争是显而易见的。英国《金融时报》的一篇文章写道："组织者选择了美国开发的21世纪市政厅法"，因此，这篇文章只在组织者中提到了美国政党，这在手册中应该如何表述问题上引发了紧张关系，但为第二届大会现场评论提供了灵感。

这次审议是在欧洲及各国组织的。在大会的程序中所看到的一些一般性问题①可以在这里找到，包括信息的分裂和丢失，以及使用多种语言的障碍和欧洲政策相对于辅助原则的难题。用某些组织者的话来说，很难确定这种复杂的程序。虽然标题明确提到"审议"一词，但其中一位组织者向新闻界发表了"协商一致会议"的讲话，引起了一些同事的反对。因此，在这种情况下，很难考虑到参与式技术评估的不同作用以及程序选择及其各自的优点。在参与和审议之间有明显的犹豫不决，即使后者是思维会议的要求。这个非标准的项目，虽然值得赞扬，但遇到了更广泛参与和审议质量之间的微妙矛盾，这是我们在第2章中讨论过的。

除了对参与式技术评估明确界定的作用作出反应为目的而将程序组合在一起的连贯性外，不难举出一些经验例子，说明组织者没有注意到的不正常情况。在布鲁塞尔举行的第二次会议（2006年1月20日至23日）期间，在对这一实验、文件和观察进行了研究之后，我们仅提及其中三项。

首先，所宣布的审议工作遇到了问题，甚至到了停顿的地步。由于全体会议的审议速度过快，它几乎无法完成。来自法国

---

① 一般的，或者特别是生物伦理学。见［REB 10a，REB 10b］。

团体的公民们注意到，在全体会议的大屏幕上显示的文本版本并不是他们在一个分组中投票的最新版本，尽管组织者采取了预防措施，并且创建了专家小组。怀疑蔓延到这样的地步：主要组织者之一让参与者选择是继续并最后确定一份报告，第二天提交给欧洲议会，还是采取相反的做法，停止实验。因此成立了一个危机委员会①。最后，市民选择让与会者继续他们的工作。

第二，在这一漫长的过程中观察专家们的立场是令人感兴趣的。2004 年举行了一次专题讨论会，但没有与思维会议建立特别明确的联系。在全国辩论中，其他专家，特别是国家伦理委员会的专家掌握了主动权。在布鲁塞尔举行的两次会议期间，一些专家通过在旋转木马期间举行简短的小组会谈，以各种方式应邀参加会议。在不批评最后会议期间某些发言质量的情况下，让我们注意到某些公民的反应，他们抱怨说，专家们直接干预了他们的讨论，并请他们捍卫这种或那种立场。此外，从实质的角度来看，我们不应拒绝引用某一国家伦理委员会主席在一个团体面前的这一强制性断言："规范不存在。"②与此同时，另一组中公认的认知科学权威在屏幕上展示了与异常大脑相比而言"正常大脑"的特征。

第三，我们会"盲从"。例如，一个顽固和依附于议案的参

---

① 因此从研究透明度的角度来看，我们大概可以估计认为从评估的角度，我们应当指出未能参加这一阶段的会议（这一事实）。我们很难理解的是，当主要组织者之一迫使我们离开各种翻译、文字作者和一些公民工作的房间时，是否有必要了解这种功能障碍的目的是什么。

② 然而，法国公民小组在其国家报告中是否提出了以下建议："我们建议更广泛的知识和更多的多学科方法，以便更好地反映规范（例如，社会学家、哲学家和政治家经常讨论这些规范）。"［REB 11a］

与者，他扮演各种决策障碍（角色），被置于一个小团体的少数群体中，并最终赢得他最终修正案期间的全体会议案件。这些程序在这种情况下不起作用，或者外部评估方成员和组织者必须意识到正在发生的事情。从某种意义上说，讨论的灵活性是通过程序网络"潜入"的。

虽然负责任研究与创新无疑更为温和地实现其雄心壮志，但这一泛欧洲项目的优势在于，它需要生物伦理（或神经伦理）专业知识，以及包容性的多语种和多国参与。正如我们通过这几点评论所表明的那样，它是可以改进的。然而，它已经在很大程度上表达了本章所使用的四个机制，即对伦理的不同理解，所使用的治理工具（伦理委员会、参与或审议手段等），对责任的理解（通常是含蓄的），以及包容性过程的特点（参与或审议、利益相关者的决策权等）。只有理解了责任和伦理视角才应予以考虑和解释。

这并不是思维项目会议的专有内容。现在有必要通过选定的目的，逐步建立更加协调一致的评估框架，以避免特别评估的局限性。最后，在本章的末尾讨论了目的或目标。

5.5 ｜ 参与目的

利益相关者的参与：问题并不像看上去那么简单。事实上，我们从三十多年的参与（主要是在欧洲）中吸取了最好的经验，以便评估技术，我们发现自己面临着一个通用术语，它适用于不统一的、有时甚至是相互矛盾的方法和活动。我们可以使用TAMI项目期间提出的定义："技术评估是一个科学的、交流的、

互动的过程，其目的有助于形成公众和政府对科学和技术社会方面的意见。"［DEC 04］

由于对技术评估（TA）的期望值是不同的，我们建议以理想的典型方式至少作出十种区分①。

5.5.1 评估后果和技术选择

在技术评估的历史中，它的作用是通过审查相关技术后果并对各种技术选项进行评估，以便使决策者更容易理解科学知识。它有助于面对未来影响的高度不确定性，并且（使决策者）仍然同意大量投资。

参与有助于拓宽专家范围，包括其他人类学群体的视角，从而更全面地了解技术创新可能产生的影响。

5.5.2 扩大研究和发展政策的视角

关于"市场遗漏"的研究和开发政策可能会受到质疑。这使得人们希望更好地回应市场可能无动于衷的社会需求。这种定位拓宽了满足社会需求的可能技术解决方案的范围。我们已经谈到一种建设性的技术援助，它促进接受社会目标的技术，例如环境保护（例如减少自然资源的消耗或减少污染）。在各成员国中选择欧洲研究中的重大科学和社会挑战与这一作用有关。

5.5.3 议程设置

这个术语源于政治科学，并且可以预期在某种程度上会在政治讨论的议程中产生新的原因。议会办公室往往是实验的支持者或主持人，这绝非巧合。

---

① 若要访问书目资源并获得进一步开发的版本，请参见［REB 11a］。

5.5.4　公共科学争论的路线图

往往是因为科学上的争论已经公开，或者因为我们担心它们会变成公开的争论，所以助教才是不可或缺的一环。因此，记录、标出和澄清科学论点与专家在辩论中作出判断的纠缠、因翻译而产生的论点转移以及伦理信仰、世界观，甚至任何其他方面，都是有用的。不同的参与者、社会团体、认知社区，有时甚至科学家，根据他们的兴趣、偏好和所遵循的价值观，以及他们的伦理和认知评估，得出不同的结论。社会学家，在网络研究专家的帮助下，特别是网络，寻找重新建立这些争议的方法。

5.5.5　更具互动性的调查

根据组织者的要求，调查机构可以进行参与式技术评估。在协商一致（或公民）会议或审议性民意调查中，情况就是如此。这类会议比民意调查走得更远，因为它们了解知情公民的行为和反应。此外，讨论的层面、问题和贡献也更加充分和丰富。当然，正因为如此，如果我们想要走得更远，它们比审议最后报告要困难得多，这些报告往往是在简短的编写期间形成的协商一致的提法。①

5.5.6　"涵盖所有论点"

这一观点接近评估的核心，并得益于对各种参与者（普通公民、受影响的公众成员、利益相关者和专家）的一项要求，即提出论点。论证往往是辩论中陈述规则的一部分，并反映在协商民主理论的特征中。当然，识别论点的方法还没有找到。这是一个问题，即使对通过论证也没有界定出来的协商民主理论原则来说

---

① 这里用的是比喻的方式，而不是严格意义上的地理意义。

也是如此。主要问题之一将是承认论点及取决于学科的相关性，即使在多元背景下也是如此。因此，我们应该设法共同构造参数，或者一个常见的参数［QUI 05，REB 12b］。我们也可以强调其他的沟通能力，如叙述和解释［REB 07，STE 12］。

5.5.7　重新安排辩论

在参与式技术评估中获得的知识可以使人们更容易理解科学与社会之间的关系，从而提高辩论的质量。参与式技术评估的作用可以使我们在设想可能达成协议的类型之前，就能更清楚地辨明辩论的双方以及与会者最相关的理由，而这些可能的协议是根据几种不同的分歧或协商一致方式陈述的。某些实验的乐观组织者希望在公众科学争论非常激烈的情况下重新构建讨论框架。

5.5.8　调解

参与式技术评估的某些追随者认为，他们可以通过寻找新的方法来打破僵局。这些程序有效地提供了交流空间，使参与者有机会在遵守某些文明规则的环境中处理彼此的冲突、主张和利益。可以达成几种类型的协议，而不一定只是协商一致：妥协、权宜之计、审议性分歧或对侵犯利益行为的赔偿。这项任务可能过于雄心勃勃，在愤世嫉俗或不信任的利益相关者眼中充满了不可预见的事件。

5.5.9　关于专门针对新技术领域的政策的建议

参与式技术评估可以帮助制定具体的政策，特别是法律，以应对新技术带来的挑战，改变某一特定技术部门及其对社会生活的影响，有时甚至是对健康的影响。这些政策要求建立机构，即使是较小的机构。法国生物技术高级理事会的情况就是如此①。该理事会由两个委员会组成②：一个是科学委员会，另一个是经济、伦理和社会委员会，这两个委员会的重点都是生物技术的影响。第二委员会是各利益相关者之间进行分析和辩论的机构。此外，法国还设立了国家信息学和自由委员会（国家信息和自由委员会）③。在比法国生物技术高级理事会更著名的其他国家，该委员会负责处理与这些新技术有关的新问题，以便处理各种问题，从保护隐私到要求就软件用户数据的使用签订明确合同。在这方面，我们还可以提及最近成立的联盟（Allistène）委员会，该委员会负责反思数字科学和技术研究的伦理性（Commission de réfliron Sul'éthique de la reCherche en Science et Technology du numérique d'Allistène）④。与帮助科研人员应对其研究相关伦理问题的业务伦理委员会不同的是，特别是在回应招标时，该联盟的智囊团希望，除其他目标外，"为决策者和社会提供关于研究成果潜在后果的科学视角"。

在某些时候更广泛、更以公民为基础的参与式技术评估型参与已成为可能。这是生物伦理法的情况，法国行政人员组织了关于这一主题的大会［REB 10］，上文已经介绍了这方面的情况。

5.5.10　新的治理形式

可以推荐新的、更负责任的治理形式，这些治理方式能够在知情的听众面前显示问责制。一项特定的现行政策可能以假设和

---

① 见 http：/www.hautconseildesbiologologyes.fr/Spip.php？ rubrique 2（2015年12月2日查询）。

② 见 http：/www.Development pement-Durable.gouv.fr/-Qu-est-ce-que-le-graenelle-de-1-html（2015年12月2日查询）。

③ 见 http://www.cnil.fr/（2015年12月2日查询）。

④ 见 https：/www.allistene.fr/cerna-2（2015年12月2日查询）。

优惠为基础，对这些假设和优惠连同其可能产生的影响和效力加以评估，以便通过建立诸如经济措施或法律规定（例如生态税或协定）等工具，探索替代政策。事实上，在政治或立法决定的筹备阶段（及其执行情况的监测），必须根据可预见的后果探讨预期目标，同时注意（讨论内容）包括科学和社会影响。此外，还进行了比较业绩评估，并提供了关于各种备选办法的资料。这在欧洲很常见，在欧洲，对会员国就一个问题或另一个问题所建议的解决办法进行比较，以找出最适当的解决办法。

该清单以一种理想的典型方式列出了在框架内参与的期望和目标，表明以一种近乎拜物教的方式呼吁参与充其量是一个令人关切的问题，在最坏的情况下是一个需要应对的新问题。关于负责任研究与创新的工作很少回到这些目标上来。最后，我们将提出几点意见，重新介绍本书第3章和第4章所提供的关于责任的某些澄清：

（1）为了提高效率，参与式技术评估项目或本着负责任研究与创新的精神进行的项目应专门集中于下文所述的作用之一。然而，作出和尊重这些选择是罕见的。对这些作用加以区分，可以更好地在体制设计选择中确立一致性和平衡性，并使它们在回应能力方面更负责任。此外，它还可以指导和确保对参与性实验质量的二次评估，我们很快就会看到这种评估。

（2）如同对责任的理解（第3章和第4章）一样，期望参与评估的某些作用可以联系起来。事实上，我们可以转到许多不同的类别。这并不意味着以适当形式组织参与的各个阶段为目的而做分析性区分的考虑无效。在这一假设中，在我们为责任理解所辩护的那条线上，目标通常是按等级顺序排列的。在界定这一点时，必须考虑到项目或支持这些项目的机构，以及执行的背景。

在类型学中，各种角色的呈现顺序表明，在一个完整的参与式技术评估中，我们可以想象出一系列不同的参与时刻。这对于从更广泛意义上理解的负责任研究与创新项目可能是有价值的。举个例子，这里有一个可能的进展。包容性评估首先是评估后果和技术选择（第 5.4.1 节），然后试图就这些问题提出纠正意见，甚至指导应对社会技术挑战的工作（第 5.4.2 节）。许多关于 RRI 的概念都是在这个时候提出的（即只考虑这些步骤），并就此打住。然而，扩大利益相关者的范围是可取的，以便解决政治议程的制定问题，特别是议会议程问题。在我们这个包罗万象的交流社会，以及围绕创新的争议，无论是技术创新、社会法律创新，还是伦理创新，都必须进一步拓宽考虑问题的角度，以便发现和理解这些争议的参与者及其论点（第 5.4.4 节和第 5.4.6 节）。这项研究可以通过在微型组中建立实验来完成，并考虑增加它们的深度和持续时间（第 5.4.5 节）。期望可能会有所不同，从调解（第 5.4.8 节）到论证的测试（第 5.4.6 节），再到重新安排辩论的要求（第 5.4.7 节）。后一种期望可以加入欧盟制定的 RRI 版本中的科学教育原则。接下来的时刻集中于预期的发展（第 5.4.9 节）和新措施的测试，这些措施更接近于合法大国通常作出的决定（第 5.4.10 节）。

其他的序列可能存在。在一个社会中，更重要的是，在一个有几重领域等级和相关辅助问题的社会中，没有人能很好地掌握时间或事件的同步性。这也许是靠运气，因为这将意味着赋予唯一一个的其来源很大的权力。此外，正如马基雅维利所主张的那样，民主在一定程度上明确地有争议，而不是代其以和谐性。因此，更经常出现的是混乱。然而，如果我们不希望挑起合法性的不和谐并为玩世不恭铺平道路，作为更长进程的一部分，就应该考虑承认这些时刻是需要调整的补充步骤。事实上，举个例子，公民会议有时会被召集起来，尽管集中讨论这些会议的法律才刚刚被表决通过。

（3）参与可以涉及承担不同责任的各异群体或机构，从承担一项任务或作用，到承认经过考验的能力，再到赋予某一权威的卓越（美德）。因此，这种参与形式、助于澄清和制造的内容以及希望取得的成果与达成协议的类型，将取决于预期责任。

（4）回到第5.4.5节中的目标，即"涵盖所有论点"，人们可能想知道，与伦理委员会、对某一主题持立场的专业作者的书籍（例如应用伦理学）或跨学科著作的作者相比，参与式技术评估或负责任研究与创新程序作为辩论首选安排的相对优势是什么。似乎——这也是困难所在——参与式技术评估或负责任研究与创新的位置汇集了各种不同的辩论方式和相关框架。与同质化的论坛相比，这些论点往往不那么完整和彻底。相反，为解决同一问题而组合起来的观点将更加充分。这一问题既涉及跨学科的局限性和优势，也涉及（另一个问题）——科学争议向信息不多但更接近构成我们政治社会的社会多样性群体开放。也许正因为如此，我们才考虑将普通公民或平民引入政治进程，而不是引起争议的甚至争论不休的科学追随者。负责任研究与创新也促进了这一更广泛的纳入。

除了汇集各种不同利益和立场之外，这一作用还有另一个好处，即揭示一个论点或另一个论点是否得到广大群众的同意和支持。

在为创新和研究项目征集资金的情况下，参与并不容易，因为参与范围可能比较广，也可能有利益相关者的参与。它是在参与式技术评估相关领域三十多年以来的实验基础上发展起来的。然而，就参与式技术评估而言，有必要知道为什么需要参与，坚持哪些程序，以及应如何分担责任。根据本书的第1章，人们很快就会发现，更复杂的程序——甚至是最后两种程序的"混合"程序——在预算、资源或技术方面都不在项目的能力范围之内，这一点在本书的第1章中提出了不同的构建伦理规范的方法。科研人员不应承担这一沉重的额外责任。这一作用必须由其他私营或公共机构承担。然而，某些大型项目，如欧洲"人脑项目"，将不同的程序堆积在一个"子项目"中，这是一种致力于伦理和社会的方法①。

本章考虑的第一个例子也表明，这些起点虽然较为温和，但具有与项目非常接近的优势，从而获得现实主义以及调整或重新定向研究以改进研究的潜力。

---

① 见 https://www.humanbrainproject.eu/fr/ethics-and-society（2015 年 12 月 3 日查询）。

结论：从伦理到责任再到伦理

离开了适用于融资研究项目的伦理审查，尤其是针对欧盟委员会的伦理审查，我们开始理解后者对其权利的建议：负责任研究与创新。虽然前者被广泛传播和推广，但对于后者来说，仍有许多工作要做，尽管 H2020 项目中有很多提案需求，其中一些已经在本书中使用。

通常，尽管在时间上存在不平衡及差异，伦理审查和负责任研究与创新都关注和研究相关伦理问题，更广泛地说，是与创新相关的伦理问题。这种对于伦理问题的观点，如果我们将有关的学术文献纳入考虑范围，这种观点本身就是原创的。这一术语出现在欧盟委员会的伦理审查和负责任研究与创新第六支柱，通过这一事实该观点被合法化了。事实上，据我们所知，罗伯特·詹尼（Robert Gianni）和他的同事菲利普·古戎（Philippe Goujon）是为数不多的也将负责任研究与创新定位于伦理支柱的科研人员。当然，在第 1 章中，我们同样通过认识和运用伦理多元化来对伦理审查加以考虑，以不同方式讨论了伦理问题。我们也采用了多元主义观点来代替伦理责任，我们是在十种概念性基础上来理解责任。我们可以逐一地进行解释，或者把其中的几个放在一起，作为共享形式的责任之核心。这里要注意一下：我们没有发现关于伦理审查的学术文献，但是它们值得以这种方式被看待，我们很难明白在不了解这些伦理审查的情况下如何开发负责任研究与创新，而把所有项目都提交给伦理审查。几名有最多样化经验的伦理学专家，有时在学术领域之外，经常参照与欧盟委员会的合同执行该评估工作。

因此，这一总体结论以一种新的方式重新审视了伦理审查和负责任研究与创新之间的相互影响。为了打开新的视角，建议将已存在的参与质量标准重新归入到负责任研究与创新领域。许多科研人员似乎忽略了这些，尽管一些科研人员列出了评估质量的指标。然而，因与这一观点相比，即伦理审查是利益相关者和公民的参与，使负责任研究与创新有了更新颖的因素的原因，我们很难理解为什么需要对车轮进行重新发明。最后一步与几年前通过的一项法国法律的出现有关，该法律关注了以评估社会或伦理问题为目的的公民参与形式。在其他国家看来，这项法律虽然大胆，但鲜被使用，如果其合乎逻辑，可以包容待重构的机构参与形式，甚至机构研究形式。

科研伦理与负责任创新的相互影响

与其重新考虑这一过程的庞大利益（已在每章的结论中提出），我们建议以伦理审查和负责任研究与创新之间相互影响的形式重构利益，而不是重提。结合伦理审查和负责任研究与创新进行的讨论已经在两个方面产生了影响。

负责任研究与创新将邀请更多的参与者参与到伦理审查，而不仅仅有伦理专家。通过邀请利益相关者、某些公民和受影响群体的加入，使得负责任研究与创新更具包容性。而且，无论是在研究之前还是之后，就其使用价值而言，都可从更广泛的意义上看待伦理学。它距研究项目只有几步之遥，以便提出可能与科学政策或框架有关的问题，而这些问题需要被提供以便于政策和框架的使用。此外，负责任研究与创新提出了治理的问题，此问题必须通过谈判、提出解决办法来处理。如果参与者范围涵盖了更大和更多样化的群体，这个问题可能会更加尖锐。

相比之下，伦理审查和负责任研究与创新联系越来越密切，这提醒我们，伦理不能在其他支柱的堆积下瓦解。依据伦理学来指导或对治理加以限定（第五支柱），以及詹尼［GIA 16］在自由方面的承诺，不应该让我们忘记伦理学不仅像许多政治理论中的模型一样转向合作，也转向人、环境或受研究影响的对象。虽然伦理学可以在社会和政治互动中发挥作用，但其也是中肯的。欧盟委员会**伦理调查问卷**中列出的十类问题就是一个例子。

限于研究和创新项目的伦理审查在质疑使命可能极其深重／非常巨大的负责任研究与创新的可预见极限方面也有优势。然而，扩大考虑范围意味着在社会技术互动的时间、空间和复杂性上冒不负责的风险，朝着哲学家汉斯·琼斯（Hans Jonas）称之为"猛烈启示"的方向发展［JON 84］。可以说，对参与研究的人员知情同意的收集（这对于伦理调查问卷来说很重要），最终可能是使负责任研究与创新合法化的动力。事实上，对于某些创新技术，或者对于推进一个研究项目而非其他项目的决定，相关的受影响群体应该能够明确肯定某些式样的知情同意形式。我们很快就能看到这种大大结合了最多样化的、有时是对立群体的元知情同意所产生的问题。将伦理审查和负责任研究与创新相结合的愿望最终会要求朝着反身性治理的方向发展，尤其是在伦理审议层面。

我们对第1章作出的总结正是与这种审议形式有关。事实上，尽管确定、认识和处理**伦理调查问卷**中列出的某些问题很重要，无论是欧盟还是许多有能力支持公共研究的国家，都有必要超越法律评估。即使在此认可一种软法律，也许其是受生物伦理原则影响的道义伦理之一，在"伦理公海"中，我们仍未能超越法律评估。

因此，详细介绍了伦理审查中的程序和问题以展示它们丰富性的第1章之后，让我们进一步往下走。它概述了应用伦理学和元伦理学之间的区别，以及伦理多元化和道德理论两者之间的实体所提供的资源。这些理论是概念化的工具，用于塑造参与伦理研究的论点和所有个体、多个体或机构的伦理审议。

根据质量评估参与

虽然负责任研究与创新的概念仍然会引起很多参与研究的人员惊讶，但我们必须了解它并不是突然出现的。其他相近的理解可能与它的概念很接近。这是企业社会责任［PEL 16b］、可持续发展、预防原则［REB 16a］以及参与式技术评估的理由。然而，对于后者，能够评估参与度的标准已经产生。他们的职能不同于我们在第5章介绍的——规定了由混合论坛组成的不同群体参与程序和规则的制度设计任务。此外，如果这可能令人惊讶的话，这些标准清单没有显示出对参与式技术评估不同角色的认识，这些不同角色我们在第 5 章中做过介绍。事实上，确定一个目标或目的已经达到或没有达到的程度，不是评估的标准方向之一吗？

在考虑了参与**目标**、机构**设计**的形式，从相当简单的**治理工具和程序**走向更复杂的形式之后，有必要设想出能够产生高质量参与度的标准（事前），并对其进行二次评估（事后）。我们本来可以期望在重新配置提出负责任研究与创新［EXP 13］指标清单的专家报告中找到这些标准。然而，情况并非如此。有一些涉及参与式技术评估领域的文献适用于负责任研究与创新。这里，我们指的是对克吕维（Klüver）［KLU 00］、卡隆（Callon）等人［CAL 01］、罗威（Rowe）和弗鲁尔（Frewer）［ROW 00］、琼斯（Joss）和 布朗利（Brownlea）［JOS 99］的作品的长时间讨论［REB 05a］。例如，在这里列出这些标准——丹麦技术委员会拉斯·克吕维（Lars kluver）的标准——可以在其他科研人员的作品中发现这些标准，但细节不多，尽管如此，令人惊讶的是，其中三个标准侧重于不同的理论框架，或者没有提及理论，比如弗雷佛和罗威的作品：

（1）平等，尝试给每个参与者提供同等的权力；

（2）与适宜信息相关的清晰度；

（3）人际关系中的忠诚度；

（4）允许至少能维持观点范围的限制以便参与者自己组织自己议程的开放性；

（5）以尽量减少对解释需求为目的的基于明确沟通过程的真实性；

（6）以便参与者能够了解和接受正式与非正式沟通规则的透

明度；

（7）基于这一事实基础上的合法性，受讨论问题影响的各方都应该被邀请参与讨论。

在这里，我们将讨论和参与质量有关的一些评论，这是将伦理审查和负责任研究与创新之间进行比较得出的一个新概念。

（1）保留的四次尝试非常仓促地加入要求类型的参与决策，甚至谈到技术民主。除了附属于混合小组代表的法律、人口和政治问题之外，主要困难在于方法上的弱点，这使评估得以澄清和发展，特别是在其伦理部分。这不是一个微不足道的问题，因为对于参与式技术评估甚至负责任研究与创新而言，能够扩展相关各个团体的［JOS 99］"规范和价值观"［KLU 00］、"价值判断"以及"原因的澄清"是其主要原因之一。

（2）这四次尝试虽然非常宝贵，但并没有评定参与式技术评估的相同面。卡隆（Callon）、罗威（Rowe）和弗鲁尔（Frewer）等人研究了不同类型的参与设备，仅后两者系统地回顾对已保留类型工具的快速评估。

琼斯（Joss）和布朗利（Brownlea）以更抽象的方式，专注于公平效应而不直接针对各种程序的能力。从克吕维对哈贝马斯话语伦理学的解释，参与设备被控制以便可以战略性地使用来看，他提取了一系列允许进行待评定参与式技术评估实验指导的标准。

（3）这些作者主要关注决策。因此，他们并不认为参与度可以用于其他目的，正如参与式技术评估保留的作用清单所示那样。他们将注意力集中在与决策相关的各种要素上。弗鲁尔和罗威专注于公众对决策的接受性，而这取决于流程的质量。克吕维估算决策质量是沟通过程中"伦理"指导的一部分。对于琼斯（Joss）和布朗利来说，决策的合法性是通过公正来保证的。至于卡隆等人，他们关注的是"决策动态"的连续性，其允许根据需要纳入考虑范围的新信息的可逆性。

（4）我们感到震惊的是，尽管某些作者声称要探讨科学和技术的社会学，但所考虑的绝大多数标准并没有太多地涉及科学和技术。他们的标准大部分都可以很好地应用于任何社会或政治问题。因此，现在面临的挑战是保证给予讨论中被技术影响的人以及其他非常多样化代表参与的最佳条件。这里所讨论的"社会政治"技术更多地关注参与方法，而不是技术对象、原因或状态、以使用米歇尔·塞尔（Michel Serres）的直觉，该参与方法为布鲁诺·拉图尔（Bruno Latour）所利用［LAT 91，REB 11a，SER 87］。

因此，应将多元主义中的标准添加到专家评估中，一个专门针对科学（跨学科和学科内），另一个专门针对伦理学。实际上，如何将与证据生产中科学实践相关的标准，以及能够评估某些伦理方面的标准纳入考虑范围，而不是纳入到此为参与式技术评估制定的标准中？为了坚持伦理学多元性，四项次级评估将须得到保证的多元化标准与受影响群体的压力结合起来。然而，这种对最大程度开放的关注只会加剧多元性问题，这些问题标记着我们的社会和各种各样考虑的问题、有时相互矛盾的请求，尤其是那些围绕技术项目的请求。缺乏对多元背景下的伦理评估或实际伦理判断辅助的一个后果是，我们没有忽视对（利益、从属关系和观点）多元性认知的问题，多元性认知显然必须通过多元性代表来保证。然后，我们没有被告知如何在履行这一义务的同时结束这一程序。我们把多元性和多元化混为一谈，就像那些认为参与就是所需一切的人一样，而没有给出确保参与质量的条件。

可以考虑两种类型的解决方案，这两种解决方案将允许我们通过一个标准来远离加剧问题的死胡同。一种是回归到一个更为苛刻的理论框架来解决问题，比如根据它们是否涉及社会、政治理论或伦理来定义其不同的层次，从而解决诸如多元化的问题。在这里，我们将自己置于政治哲学中富有成效研究方法的中心。在第1章中，我们给出了允许预期伦理辩护构建的主要基础。相比之下，另一种方法则转向关于伦理社会学或人类学的描述性投资，详细说明实证结果，以便了解不同的参与者如何执行这一现场评估任务［REB 11a］。实际上，在第二个想法中，考虑到受影响群体，其关注的首先是伦理问题。此外，普通公民被要求关注的更多的是他们的伦理直觉。他们接触到的是技术发展的视角，这些技术根据或多或少紧密相连的时间性呈现出来。普通公民在规范（伦理）评估层面的工作要比在科学层面的工作多得多。

由于越来越多的问题被宣布为伦理问题，认真对待伦理方面的选择也被强加了。法国的生物伦理公民代表大会［REB 10a，REB 10b］就属于这种情况。因此，我们可以谈谈参与式技术评估中的伦理转向，这有助于巩固负责任研究与创新的框架。这一观点在其与伦理审查的关系中变得更加真实。

（5）此处所考虑的四次参与次级评估的标准很容易与责任的六个支柱相容。参与的情况理当如此，这是常见的，因为欧盟有时会谈到利益相关者，有时会谈到公民，然而科学教育和科学的开放性也是如此。如果尚未将两性平等（标准）纳入到参与者招募中，那么两性平等很容易实现，甚至可以通过增加其他社会人口统计标准来实现多元化。

（6）鉴于本书中确定并记载的对责任的十种理解，我们注意到克吕维提出的关于参与质量的标准清单，首先关注的是响应能力，事实上，这是授予被邀请参加公民的大部分权力。问题是，这种临时的权力随后与其他更强大的权力发生冲突，这些权力可以维护法律中规定的更强有力（权力）的合法性。此外，公民要求专家采取某种形式的问责制。然而，对责任的理解比这更多。这三种解释（回应性、职责性和问责性）也应该能够与其他可能的理解相结合，例如角色、能力甚至是美德（品德），其不同的组合在第 4 章末尾详述。

机构间参与？

为了总结这本书并满足其中一个关注点——即给出实际例子并结合哲学思考——我们将提到一个直接关注了各种评估机构之间关系所引起潜在的变化的法律。因此，这项法律没有明确说明机构间参与或实际审议的目的。它是作为生物伦理公民代表大会的一种附带效应而出现的，这是在第 5 章末尾介绍的，某些组织者在没有对其进行适当评估的情况下宣布其成功。这项法律是由简·莱昂尼蒂（Jean Leonetti）医生提出的，他已经主持了生物伦理公民代表大会试点委员会。随后，他被任命为欧洲事务部长：**对生物伦理法相关法律的应用与评估**。它在其第 46 条（公共卫生法典）中规定：

第 L. 1412-1-1. 条——任何有关生物学、医学和健康领域知识发展所引起的伦理问题与社会问题的改革项目，都必须先以大会的形式进行公开辩论。这些活动是由国家生命科学与健康咨询伦理委员会（CCNE）倡议组织的，是在与常设、主管的议会委员会和科学与技术选择评估议会办公室协商后进行的。

在公开辩论之后，委员会建立了一份报告，然后提交给议会科学和技术选择评估机构，由该机构对其进行评估。

在没有改革项目的情况下，委员会必须至少每 5 年组织一次生物伦理公民代表大会。接下来是第 1412-3-1 条，其内容如下：

第 L. 01/03/1412 条——第 1412-1-1 条中提到的大会汇集了以代表社会多样性的方式选出的公民会议。在接受初步培训后，这些公民进行辩论，撰写建议和意见，然后公布于众。参加公民培训和大会的专家是按照独立、多元化和跨学科的标准选出的。

对许多国家来说，这项法律是超现实的，从上述条款中提到的那些开始，就打破了各种机构的制度平衡。国家生命科学与健康咨询伦理委员会的前任主席确实对该部门将要承担的新责任感到惊讶。事实上，委员会没有这方面的专门知识，这更像是参与式技术评估的专门知识。

在不进行详细批判的情况下，我们可以看到，通过设想不再在个体参与者之间进行审议，而是设想一种跨机构的、比这项法律更合适的，不认为评估生物伦理公民代表大会有用，但声称它成功的审议方法，从而找到这里出现的正确责任分配的必要性。对协商民主理论和审议制度的理解也是有用的［MAN 99，PAR

12]。当然，这项法律可能是受欢迎的，但是应当审查根据各机构能力分配的责任。

责任概念的含义比较丰富，它允许一定程度的乐观主义，但它应该受到以社会分工为标志的社会挑战。它可以实现复杂的伦理创新，与技术创新及其后果处于同一水平。虽然它只是伦理的一部分，但它允许我们参与并适应不同和不断变化的环境，并且可以超越规范的表达和理由来执行。

参考文献

［ADA 11］ADAM B., GROVES C., "Futures tended: care and future-oriented responsibility", *Bulletin of Science, Technology & Society*, vol. 31, pp. 17–27, 2011.

［AND 07］ANDERSEN V., HANSEN K., "How deliberation makes better citizens: the Danish deliberative poll on the euro", *European Journal of Political Research*, vol. 46, pp. 531–556, 2007.

［ARE 03］ARENDT H., *Responsabilité et jugement*, Payot, Paris, 2003.

［BAS 99］BASU S., "Dialogic ethics and the virtue of humour", *Journal of Political Philosophy*, vol. 7, pp. 378–403, 1999.

［BEA 10］BEAMING PROJECT, Deliverable D7.1: assessment of ethical and legal issues of component technologies, available at http://beamingeu.org/sites/beamingeu.org/files/BEAMING_Deliverable_D7_1.pdf, 2010.

［BEA 11］BEAMING PROJECT, Deliverable D. 7.2: scoping report on the legal impacts of BEAMING technologies, available at http://beaming-eu.org/sites/beaming-eu.org/files/D%207.2BEAM-

ING%20Deliverable%207.2-FINAL.pdf, 2011.

[BEC 92] BECK U., *Risk Society: Towards a New Modernity*, Sage Publications, London, 1992.

[BER 05] BERTRAND A., JOLY P.-B., MARRIS C., "L'expérience française de l'évaluation technologique interactive des recherche sur les vignes transgéniques", *Ethique Publique*, vol. 7, pp. 186–194, 2005.

[BER 07] BERTHELOT J-M., *L'emprise du vrai. Connaissance scientifique et modernité*, Presses Universitaires de France, Paris, 2007.

[BIR 06] BIRD K., SHERWIN M. J., *American Prometheus, the Triumph and Tragedy of J. Robert Oppenheimer*, Alfred A. Knopf, New York, 2006.

[BLA 09] BLANCHON D., MOREAU S., VEYRET Y. "Comprendre et construire la justice environnementale", *Annales de Géographie*, vol. 665–666, pp. 35–60, 2009.

[BLO 14] BLOK V., "Look who's talking: responsible innovation, the paradox of dialogue and the voice of the other in communication and negotiation processes", *Journal of Responsible Innovation*, vol. 2, pp. 171–190, 2014.

[BLO 15] BLOK V., LEMMENS P., "The emerging concept of responsible innovation. Three reasons why it is questionable and calls for a radical transformation of the concept of innovation", in VAN DEN HOVEN J., KOOPS E. J., ROMIJN H. A., et al. (eds), *Responsible Innovation: Issues in Conceptualization, Governance and Implementation*, Springer, Dordrecht, vol. 2, pp. 19–35, 2015.

［BOH 98］BOHMAN J. "Survey article: the coming of age of deliberative democracy", *The Journal of Political Philosophy*, vol. 6, pp. 400–425, 1998.

［BOV 98］BOVENS M., *The Quest for Responsibility. Accountability and Citizenship in Complex Organisations*, Cambridge University Press, Cambridge, 1998.

［BOV 10］BOVENS, M., "Two concepts of accountability: accountability as a virtue and as a mechanism", *West European Politics*, vol. 33, pp. 946–967, 2010.

［CAL 09］CALLON M., LASCOUMES P., BARTHES Y., *Acting in an Uncertain World. An essay on Technical Democracy* (trans. BURCHELL G.), MIT Press, Cambridge, 2009.

［CAN 02］CANE P., *Responsibility in Law and Morality*, Hart Publishing, Oxford, 2002.

［CHA 03］CHAMBERS S., "Deliberative Democracy Theory", *Annual Review of Political Science*, vol. 6, pp. 307–326, 2003.

［COH 89］COHEN J., "Deliberation and democratic legitimacy", in HAMLIN A., PETTIT P. (eds), *The Good Polity*, Blackwell, Oxford, pp. 17–34, 1989.

［COH 96］COHEN J., "Procedure and substance in deliberative democracy", in BOHMAN J., REHG W. (eds), *Deliberative Democracy: Essays on Reason and Politics*, MIT Press Cambridge, MA, pp. 407–437, 1996.

［COM 13］EUROPEAN COMMISSION, Call for Tender, No. RTD-B6-PP-00964-2013. Study on monitoring the evolution and benefits of responsible research and innovation, Brussels, 2013.

［COO 00］COOKE M., "Five Arguments for Deliberative Democracy", *Political Studies*, vol. 48, pp. 947–969, 2000.

［COR 01］CORLETT J.A., "Collective moral responsibility", *Journal of Social Philosophy*, vol. 32, pp. 573–584, 2001.

［DAR 92］DARWAL J., GIBBARD A., RAILTON P., "Toward 'Fin de Siècle' Ethics. Some Trends", *The Philosophical Review*, vol. 101, pp. 115–189, 1992.

［DEK 04］DECKER M., LADIKAS M. (eds), *Bridges between Science, Society and Policy; Technology Assessment–Methods and Impacts*, Springer, Berlin, New York, 2004.

［DEM 13］DEMORTAIN D., "L'étude Séralini et ce qu'elle nous apprend sur la toxicologie réglementaire", EDP Sciences, *Natures Sciences Sociétés*, vol. 21, pp. 84–87, 2013.

［DOU 03］DOUGLAS, H. E., "The moral responsibilities of scientists", *American Philosophical Quarterly*, no. 40, pp. 59–68, 2003.

［DRY 00］DRYZEK J.S., *Deliberative Democracy and Beyond: Liberals, Critics, Contestations*, Oxford University Press, Oxford, 2000.

［DUF 07］DUFF A., Answering for Crime: *Responsibility and Liability in the Criminal Law*, Hart Publishing, Oxford, 2007.

［DWO 11］DWORKIN R., *Justice for Hedgehogs*, The Belknap Press of Harvard University Press, Cambridge, Massachusetts, 2011.

［ELS 98］ELSTER J., "Introduction", in ELSTER J. (ed.), *Deliberative Democracy*, Cambridge University Press, Cambridge, 1998.

［ENG 87］ENGELHARDT JR H.T., CAPLAN A. L. (eds), *Scientific Controversies: Case Studies in the Resolution of Closure of Disputes in Science and Technology*, Cambridge University Press, Cambridge, 1987.

［EU 13］EU COMMISSION, Options for strengthening RRI. Report of the expert group on the state of art in Europe on responsible research and innovation, EU Commission, 2013.

［EXP 15］EXPERT GROUP ON POLICY INDICATORS FOR RESPONSIBLE RESEARCH AND INNOVATION (chair, Stand R., rapporteur Spaapen J., members: Bauer M.W., Hogan E., Revuelta G., Stagl S., Contributors: Paula L, Guimaraes Pereira A.), "Indicators for promoting and monitoring responsible research and innovation", Directorate-General for Research and Innovation Science with and for Society, Bruxelles, available at https://infoeuropa.eurocid.pt/files/database/000056001-000057000/000056403_2.pdf, June 2015.

［EWA 86］EWALD F., *L'Etat providence*, Grasset et Fasquelle, Paris, 1986.

［FER 91］FERRY J. M., *Les puissances de l'expérience*, vol. 2, Éd., Editions du Cerf, Paris, 1991.

［FER 02］FERRY J. M., *Valeures et normes*, Université Libre Bruxelles, Bruxelles, 2002.

［FIS 05］FISHKIN, J. S., LUSKIN R.C., "Experimenting with a democratic ideal: deliberative polling and public opinion", *Acta Politica*, vol. 40, no. 3, pp. 284–298, 2005.

［FIS 06］FISHER E., MAHAJAN R. L., MITCHAM C., "Midstream modulation of technology: governance from within", *Bulletin of Science, Technology & Society*, vol. 26, no. 6, pp. 485–496, 2006.

[FIS 13] FISHER E., RIP A., "Responsible innovation: multi-level dynamics and soft interventions", in OWEN R., HEINTZ M., BESSANT J. (eds), *Responsible Innovation*, Wiley, Chichester (UK), pp. 165–184, 2013.

[FOG 08] FOGELBERG H., SANDEN B., "Understanding reflexive systems of innovation: an analysis of Swedish nanotechnology discourse and organization", *Technology Analysis & Strategic Management*, vol. 20, no. 1, pp. 65–81, 2008.

[FUN 92] FUNTOWICZ S. O., RAVETZ J. R., "Three types of risk assessment and the emergence of post normal science", in KRIMSKY S., GOLDING D., *Social Theories of Risk*, Praeger, New York, pp. 251–273, 1992.

[FUN 93] FUNTOWICZ S. O., RAVETZ J. R., "Science for the post-normal age", *Futures*, vol. 25, pp. 739–755, 1993.

[GIA 16] GIANNI R., *Responsibility and Freedom: The Ethical Realm of RRI*, ISTE, London, John Wiley & Sons, New York, 2016.

[GIB 94] GIBBONS M., LIMOGES C., NOWOTNY H. et al., *The New Production of Knowledge: The Dynamics of Science and Research in Contemporary Societies*, Sage Publications, London, 1994.

[GIL 82] GILLIGAN C., *In a Different Voice – Psychological Theory & Women's Development*, Harvard University Press, 1982.

[GOO 85] GOODIN R. E. *Protecting the Vulnerable: A Reanalysis of Our Social Responsibilities*, University of Chicago Press, Chicago, 1985.

［GOO 86］GOODIN, R. E., "Responsibilities", *Philosophical Quaterly*, vol. 36, pp. 50–56. 1986.

［GRA 12］GRACCI, F., "Quelle expertise scientifique après le verdict du procès de L'Aquila?", *La Recherche*, vol. 140, pp 8, 2012.

［GRE 13a］GREAT. Del 2.2 Theoretical landscape, available at http://www.great-project.eu/deliverables_files/deliverables03, 2013.

［GRE 13b］GREAT. Del 2.3. Analytical grid, available at http://www.great-project.eu/deliverables_files/deliverables02, 2013.

［GRI 13］GRINBAUM A., GROVES C., "What is 'responsible' about responsible innovation? Understanding the ethical issues", in OWEN R., BESSANT J., HEINTZ M., (eds), *Responsible Innovation*, John Wiley & Sons, Hoboken, NJ, 2013.

［GRO 09］GROVES, C., "Future ethics: risk, care and non-reciprocal responsibility", *Journal of Global Ethics*, vol. 5, pp. 17–31, 2009.

［GRO 10］GRÖNLUND K., SETÄLÄ M., HERNE K., "Deliberation and civic virtue: lessons from a citizen deliberation experiment", *European Political Science Review*, vol. 2, pp. 95–117, 2010.

［GRO 14］GROVES, C. Care, *Uncertainty and Intergenerational Ethics*, Palgrave Macmillan, New York, 2014.

［GRO 86］GROTHENDIECK A., Récoltes et semailles. Réflexions et témoignage sur un passé de mathématicien, available at http://lipn.univ-paris13.fr/~duchamp/Books&more/Grothendieck/RS/pdf/RetS.pdf, 1986.

［GRU 10］GRUNWALD A., "From speculative nanoethics to

explorative philosophy of nanotechnology", *NanoEthics*, vol. 4, no. 2, pp. 91–101, 2010.

［GRU 11］GRUNWALD A., "Responsible innovation: bringing together technology assessment, applied ethics, and STS research", *Enterprise and Work Innovation Studies*, vol. 7, pp. 9–31, 2011.

［GRU 12］GRUNWALD A., *Responsible Nanobiotechnology*, Pan Stanford Publishing, Singapore, 2012.

［GUS 14］GUSTON D., "Understanding 'anticipatory Governance'", *Social Studies of Science*, vol. 44, no. 2, pp. 218–242, 2014.

［HAB 81］HABERMAS J., *Theory of Communicative Action*, vol. 2, Beacon Press, Boston, MA, 1981.

［HAL 11］HALL S., "Scientists on trial: at fault?" *Nature*, vol. 477, pp. 264–269, 2011.

［HAR 68］HART H.L.A., *Punishment and Responsibility: Essay in the Philosophy of Law*, Clarendon Press, Oxford, 1968.

［HAR 07］HARTZ-KARP J., "How and why deliberative democracy enables cointelligence and brings wisdom to governance", *Journal of Public Deliberation*, vol. 3, no. 1, pp. 1–9, 2007.

［HAU 01］HAUPTMANN E., "Can less be more? leftist deliberative democrats' critique of participatory democracy?", *Polity*, vol. 33, pp. 397–421, 2001.

［HEL 03］HELLSTRÖM T., "Systemic innovation and risk: technology assessment and the challenge of responsible innovation", *Technology in Society*, vol. 25, no. 3, pp. 369–384, 2003.

［HUM 06a］HUMABIO PROJECT, HUMABIO ethical manual,

del. 1.1., 2006.

［HUM 06b］HUMABIO PROJECT, HUMABIO deliverable 1.2.doc, 2006.

［HUM 06c］HUMABIO PROJECT, HUMABIO deliverable 1.3.doc, 2006.

［INR 02］INRA, Co-construction d'un programme de recherche: une expérience pilote sur les vignes transgéniques, Rapport final du groupe de travail, 2002. Available at http://inra-dam-front-resources-cdn.brainsonic.com/ressources/afile/236123-0d0cb-resource-rapport-final-du-groupe-de-travail-pdf-.html.

［JAS 03］JASANOFF S., "Technologies of humility: citizen participation in governing science", *Minerva*, vol. 41, pp. 223–244, 2003.

［JOL 07］JOLY P.-B., MARRIS C., BERTRAND A., "Mettre les choix scientifiques et techniques en débat", in LOLIVE J., SOUBEYRAN O., (eds), *L'émergence des cosmopolitiques*, La Découverte, Paris, pp. 115–124, 2007.

［JON 84］JONAS H., *The Imperative of Responsibility; In Search of an Ethics for the Technological Age*, University of Chicago Press, Chicago, 1984.

［JOS 99］JOSS S., BROWNLEA A., "Considering the concept of procedural justice for public policy – and decision-making in science and technology dossier, Special Issue on Public Participation in Science and Technology", *Science and Public Policy*, vol. 26, no. 5, pp. 321–330, 1999.

［KAH 02］KAHANE D., "Délibération démocratique et ontologie sociale", in LEYDET D. (ed), La démocratie délibérative, *Philosophique*, vol. 29, pp. 251–286 2002.

［KEL 09］KELTY C. M., "Beyond implications and applications: the story of 'safety by design'", *NanoEthics*, vol. 3, no. 2, pp. 79–96, 2009.

［KEM 00］KEMP P., RENDTORFF J., MATTSON JOHANSEN N., (eds.), Bioethics and Biolaw, deux volumes, vol. 1; *Judgement of Life*, vol. 2; *Four ethical Principles*, Rhodos International Science and Art Publisher & Centre for Ethics and Law, Copenhague, 2000.

［KER 12］KERMISCH C. "Risk and responsibility: a complex and evolving relationship", *Science and Engineering Ethics*, no. 18, pp. 91–102, 2012.

［KJO 08］KJØLBERG K., DELAGDO-RAMOS G.C., WICKSON F., *et al.*, "Models of governance for converging technologies", *Technology Analysis & Strategic Management*, vol. 20, no. 1, pp. 83–97, 2008.

［KLU 00］KLÜVER L., "Project management. A matter of ethics and robust decision", in KLÜVER L., *Participatory Methods in Technology Assessment and Technology Decision-Making* (EUROPTA), pp. 87–111, 2000. Available at http://www.tekno.dk/pdf/projekter/europta_Report.pdf.

［LAT 91］LATOUR B., *Nous n'avons jamais été Modernes. Essai d'anthropologie symétrique*, La Découverte, Paris, 1991.

［LEE 13］LEE R. G., PETTS J., "Adaptive governance for responsible innovation", in OWEN R., BESSANT J., HEINTZ M., (eds),

Responsible Innovation, John Wiley & Sons, Hoboken, NJ, pp. 143–164, 2013.

［LEN 03］LENOBLE J., MAESSCHALCK M., *Toward a Theory of Governance: The Action of Norms*, Kluwer Law International, The Hague/London/New York, 2003.

［LEN 10］LENOBLE J., MAESSCHALCK M., *Democracy, Law and Governance*, ASHGATE Farnham, Farnham, Burlington, 2010.

［LIN 11］LINDELL M., "Same but different–similarities and differences in the implementation of deliberative mini-publics", ECPR General Conference, Section "Democratic Innovations in Europe–a comparative perspective", August 24–27, University of Reykjavik, Iceland, 2011.

［MAE 01］MAESSCHALCK, M., *Normes et Contextes*, Georg Olms Verlag, Hildesheim, Zurich, New York, 2001.

［MAN 83］MANSBRIDGE J., *Beyond Adversary Democracy*, University of Chicago Press, Chicago, 1983.

［MAN 99］MANSBRIDGE J., "Everyday talk in the deliberative system", in MACEDO S. (ed), *Deliberative Politics: Essays on 'Democracy and Disagreement'*, Oxford University Press, New York, pp. 211–239, 1999.

［MAN 10］MANSBRIDGE J., BOHMAN J., CHAMBERS S., et al., "The place of self - interest and the role of power in deliberative democracy", *The Journal of Political Philosophy*, vol. 18, pp. 64–100, 2010.

[MAR 08] MARRIS C., JOLY P.-B., RIP A., "Interactive technology assessment in the real world: Dual dynamics in an iTA exercise on genetically modified vines", *Science Technology Human Values*, vol. 33, pp. 77–100, 2008.

[MIA 07] MIAUCE PROJECT, Deliverable 5.1.1. Ethical, legal and social issues From analysis to methodology, 2007.

[MIA 08] MIAUCE PROJECT, D5.1.2: ethical, legal and social issues, 2008.

[MIA 09] MIAUCE PROJECT, D5.1.3: ethical, legal and social issues, 2009.

[MIT 03] MITCHAM C., "Co-responsibility for research integrity", *Science and Engineering Ethics*, vol. 9, no. 2, pp. 273–290, 2003.

[MON 04] MONNIER S., *Les comités d'éthique et le droit. Eléments d'analyse sur le système normatif de la bioéthique*, L'Harmattan, Paris, 2005.

[MOU 99] MOUFFE C., "Deliberative democracy or agonistic pluralism?", *Social Research*, vol. 3, pp. 745–758, 1999.

[NOR 10] NORDMANN A., MACNAGHTEN P., "Engaging narratives and the limits of lay ethics: introduction", *Nanoethics*, vol. 4, no. 2, pp. 133–140, 2010.

[NOR 14] NORDMANN A., "Responsible innovation, the art and craft of anticipation", *Journal of Responsible Innovation*, vol. 1, no. 1, pp. 87–98, 2014.

[NOW 01] NOWOTNY H., SCOTT P., GIBBONS M., *Re-Thinking Science: Knowledge and the Public in an Age of Uncertainty*, Polity

Press, Cambridge, 2001.

［OWE 12］OWEN R., MACNAGHTEN P., STILGOE J., "Responsible research and innovation: from science in society to science for society, with society", *Science and Public Policy*, vol. 39, pp. 751–760, 2012.

［OWE 13a］OWEN R., BESSANT J., HEINTZ M., (eds), *Responsible Innovation*, John Wiley & Sons, Hoboken, NJ, 2013.

［OWE 13b］OWEN R., MACNAGHTEN P., STILGOE J., et al., "A framework for responsible innovation", in OWEN R., BESSANT J., HEINTZ M., (eds), *Responsible Innovation*, John Wiley & Sons, Hoboken, NJ, pp. 27–50, 2013.

［PAR 12］PARKINSON J., MANSBRIDGE J.(eds), *Deliberative Systems. Deliberative Democracy at the Large Scale*, Cambridge University Press, Cambridge, UK, 2012.

［PAV 14］PAVIE, X., SCHOLTEN V., CARTHY D., *Responsible Innovation: From Concept to Practice*, World Scientific, Singapore, 2014.

［PHA 04a］PHARO P., "Ethique et sociologie. Perspectives actuelles de la sociologie morale", *L'Année sociologique*, vol. 54, no. 2, pp. 321–606, 2004.

［PHA 04b］PHARO P., *Morale et sociologie. Le sens et les valeurs entre nature et culture*, Gallimard, Paris 2004.

［PHA 00］PHARO P., "Perspectives de la sociologie de l'éthique", in BATEMAN-NOVAES S., OGIEN R., PHARO P. (eds), *Raison pratique et sociologie de l'éthique*. Autour des travaux de Paul Ladrière,

Editions du CNRS, Paris, pp. 207–221, 2000.

［PHA 90］PHARO P., "Les conditions de légitimité des actions publiques", *Revue Française de Sociologie*, vol. XXXI, pp. 389–420, 1990.

［PHA 85］PHARO P. "Problèmes empiriques de la sociologie compréhensive", *Revue Française de Sociologie*, vol. XXV, pp. 120–149, 1985.

［PID 07］PIDGEAON N., ROGERS-HAYDEN T., "Opening up nanotechnology dialogue with the publics: risk communication or 'upstream engagement'?", *Health, Risk & Society*, vol. 9, no. 2, pp. 191–210, 2007.

［PIS 12］PISANO U. Resilience and sustainable development: theory of resilience, systems thinking and adaptive governance, ESDN Quarterly Report No.26, 2012.

［PEL 12］PELLÉ S., NUROCK V., "Of nanochips and persons: toward an ethics of diagnostic technology in personalized medicine", *Nanoethics*, vol. 6, pp. 155–165, 2012.

［PEL 15］PELLÉ S., REBER B., "Responsible innovation in the light of moral responsibility", *Journal on Chain and Network Science*, vol. 15, no. 2, pp. 107–117, 2015.

［PEL 16a］PELLÉ S., "Responsibility as care for research and innovation", *Proceedings from the Pacita 2015 Conference in Berlin*, 2016.

［PEL 04］PELLIZZONI L., "Responsibility and environmental governance", *Environmental Politics*, vol. 13, no. 3, pp. 541–565, 2004.

［PEL 16b］PELLÉ S., *De la Responsabilité sociale des entreprises à l'Innovation et à la recherche responsables*, ISTE Editions, Paris, 2016, forthcoming.

［QUI 05a］QUINCHE F., *La délibération éthique. Contribution du dialogisme et de la logique des questions*, Kimé, Paris, 2005.

［QUI 05b］QUINCHE F., "Analyse d'un conflit en éthique clinique à partir du schéma de l'argument de S. Toulmin", *Ethique & Santé*, vol. 2, pp. 186–190, 2005.

［RAY 03］RAYNAUD D., *Sociologie des controverses scientifiques*, Presses Universitaires de France, Paris, 2003.

［RAW 71］RAWLS J., *A Theory of Justice, Harvard University Press*, Cambridge, MA, 1971.

［RAW 93］RAWLS J., *Political Liberalism, The John Dewey Essays in Philosophy*, (4th ed.), Columbia University Press, New York, 1993.

［REB 16a］REBER B., *Precautionary Principle, Pluralism and Deliberation*, ISTE, London and John Wiley & Sons, New York, 2016, forthcoming.

［REB 16b］REBER B., "Taking moral responsibility seriously to foster responsible research and innovation", in GIANNI R., PEARSON J., REBER B., *Responsible Innovation and Research:. Concepts and Practises*, forthcoming, Oxford, Rutledge, 2016.

［REB 15］REBER B., Analysis of governance theory and practice of responsible innovation, DEL 5.2. Projet GREAT, 2015.

［REB 13］REBER B., PELLÉ S. "Innovation responsable",

in CASILLO I., AVEC BARBIER R., BLONDIAUX L., et al. (eds), *Dictionnaire critique et interdisciplinaire de la participation*, GIS Démocratie et Participation, Paris, available at http://www.dicopart.fr/it/dico/innovation-responsable, 2013.

〔REB 12a〕REBER B., "Argumenter et délibérer entre éthique et politique", in REBER B. (ed), *Vertus et limites de la démocratie délibérative, Archives de Philosophie*, vol. 74, pp. 289–303, 2012.

〔REB 12b〕REBER B. (ed), "Vertus et limites de la démocratie délibérative", *Archives de philosophie*, vol. 74/1, pp. 219–303, 2012.

〔REB 11a〕REBER B., *La démocratie génétiquement modifiée. Sociologies éthiques de l'évaluation des technologies controversées*, collection Bioéthique critique, Presses de l'Université de Laval, Québec, 2011.

〔REB 11b〕REBER B., "Un long chemin pour des méthodes robustes d'évaluation de la participation et de la délibération dans des débats réels", in CARDOSO ROSAS, J. (ed) *Etica, technologia è Democracia, A avaliação de tecnologias controversas em conferências de cidadãos*, Humus, Lisbon, pp. 25–32, 2011.

〔REB 10a〕REBER B., "La bioéthique en conférences élargies. Quelle qualité dans l'évaluation?", *La Bioéthique en débat, Archives de philosophie du droit*, Tome 53, pp. 333–366, 2010.

〔REB 10b〕REBER B. (ed), "La Bioéthique en débat", *Archives de philosophie du droit*, vol. 53, 2010.

〔REB 10c〕REBER B., "La Valutazione partecipata della tecnologia. Una promessa troppo difficile da mantenere?", in ARNALDI S.,

LORENZET A. (eds), *Innovazioni in corso. Il dibattito sulle nanotecnologie fra diritto, etica e società*, Il Mulino, Rome, pp. 325–349, 2010.

［REB 07］REBER B., "Entre participation et délibération, le débat public et ses analyses sont-ils hybrides du point de vue des théories politiques?", *Klesis. Revue philosophique, Philosophie et sociologie*, available at http://revueklesis,org/index,php?option=com_content&task=view&id=45&Itemid=63, vol. 6, no. 1, pp. 46–78, 2007.

［REB 06a］REBER B., "Pluralisme moral: les valeurs, les croyances et les théories morales", *Archives de philosophie du droit*, vol. 49, pp. 21–46, 2006.

［REB 06b］REBER B., "The ethics of participatory technology assessment", *Technikfolgenabschätzung, Theorie und Praxis*, available at http://www.itas.fzk.de/tatup/062/rebe06a.html, vol. 2, no. 15, pp. 73–81, 2006.

［REB 06c］REBER B., "Democracy and technologies: goals of technology assessment", in TERSMAN F. (ed.), *Democracy unbound. Basic Explorations, Stockholm Studies in democratic Theory 2*, Stockholm University Press, pp. 98-106 2006.

［REB 06d］REBER B., "Technology Assessment as Policy Analysis: From Expert Advice to Participatory Approaches", in FISCHER F., MILLER G., and SIDNEY M. (ed.), *Handbook of Public Policy Analysis. Theory, Politics and Methods*, New York, Public Administration and Public Policy Series, Rutgers University/CRC Press, New-York, 125, p. 493-512, 2006d.

［REB 05a］REBER B., "Technologies et débat démocratique en

Europe. De la participation à l'évaluation pluraliste", *Revue Française de Science Politique*, vol. 55, nos. 5–6, pp. 811–833, 2005.

［REB 05b］REBER B., "Public evaluation and new rules for the 'Human Park'", in LATOUR B., WEIBEL P., *Making Things Public. Atmospheres of Democracy*, MIT Press, Cambridge, pp. 314–319, 2005.

［REN 95］RENN O., WEBLER T., WIEDERMANN P., (eds), *Fairness and Competence in Citizen Participation: Evaluating Models for Environmental Discourse*, Kluwer Academic Press, Boston, MA, 1995.

［REN 00］RENDTORFF J., KEMP P. (eds), *Basic Ethical Principles in European Bioethics and Biolaw*, Vol. 1 *Autonomy, Dignity, Integrity and Vulnerability*, Parners research, Institut Borgia de Bioetica, Guissona (Catalogne), vol. 2, 2000.

［RHO 86］RHODES R., *The Making of the Atomic Bomb*, Simon and Schuster, New York, 1986.

［RIC 95］RICOEUR P., *Le Juste*, Edition Esprit, Paris, 1995.

［RIC 99］RICHARDSON H. S., "Institutionally divided moral responsibility", in PAUL E. F., MILLER, F. D., PAUL, J. (eds.) Responsibility, Cambridge University Press, Cambridge, pp. 218–249, 1999.

［RIP 06］RIP A., "A co-evolutionary approach to reflexive governance—and its ironies", in VOSS J.-P., BAUKNECHT D., KEMP R. (eds.), *Reflexive Governance for Sustainable Development*, Edward Elgar, Cheltenham, UK pp. 82–100, 2006.

［RIT 73］RITTEL H. W. J., WEBBER, M. M., "Dilemmas in a general theory of planning", *Policy Sciences*, vol. 4, pp. 155–169, 1973.

［RIV 02］RIVAL M., *Robert Oppenheimer*, Edition du Seuil, Paris, 2002.

［ROB 13］ROBINSON D. K. R., HUANG L., GUO Y. et al., "Forecasting innovation pathways (FIP) for new and emerging science and technologies", *Technological Forecasting and Social Change*, vol. 80, no. 2, pp. 267–285, 2013.

［ROW 00］ROWE G., FREWER J. L., "Public participation methods: a framework for evaluation", *Science, Technology*, & Human Values, vol. 25, no. 1, pp. 3–29, 2000.

［SAN 97］SANDERS L. M., "Against deliberation", *Political Theory*, vol. 25, pp. 347–375, 1997.

［SAR 43］SARTRE, J.-P., *L'Être et le Néant*, Gallimard, Paris, 1943.

［SEL 07］SELIN C., "Expectations and the emergence of nano-technology", Science, *Technology and Human Values*, vol. 32, no. 2, pp. 196–220, 2007.

［SER 87］SERRES M., *Statues. Le second livre des fondations*, François Bourin, Paris, 1987.

［SER 12］SÉRALINI G.-E., CLAIR E., MESNAGE R., et al., "Long term toxicity of a roundup herbicide and a roundup-tolerant genetically modified maize", *Food And Chemical Toxicology*, vol. 50, pp. 4221–4231, 2012; Environmental Science Europe, vol. 26, pp. 1–17, 2014.

［ SET 10 ］ SETÄLÄ M., GRÖNLUND K., HERNE K., "Citizen deliberation on nuclear power: a comparison of two decision-making methods", *Political Studies*, vol. 58, pp. 1–27, 2010.

［ SHA 99 ］ SHAPIRO I., "Enough of deliberation. Politics is about interests and power", in MACEDO S. (ed), *Deliberative Politics. Essays on 'Democracy and Disagreement'*, Oxford University Press, 1999.

［ SHI 13 ］ SHIEBINGER L., "Gendered innovations. How gender analysis contributes to research", Report of the Expert Group "Innovation Through Gender", European Commission, Brussels, 2013.

［ SLO 03 ］ SLOCUM N., *Participatory Methods Toolkit. A practionners's Manual*, United Nations University, Bruges, 2003.

［ SMI 00 ］ SMITH G., WALES C. "Citizens' juries and deliberative democracy", *Political Studies*, vol. 48, pp. 51–63, 2000.

［ SMI 05 ］ SMITH G., Beyond the Ballot: *57 Democratic Innovations from around the World*, POWER Inquiry, available at http://eprints.soton.ac.uk/34527/1/Beyond_the_Ballot.pdf (lien consulté le 10.12.2015), 2005.

［ STA 13 ］ STAHL C. B., EDEN G., JIROTKA M., "Responsible research and innovation in information and communication technology: identifying and engaging with the ethical implications of ICTs", in OWEN R., BESSANT J., HEINTZ M., (eds), *Responsible Innovation*, John Wiley & Sons, Hoboken, NJ, 2013.

［ STE 96 ］ STERN P.C., FINEBERG H. (ed), *Understanding Risk: Informing Decisions in a Democratic Society*, National Academy

Press, Washington D.C., 1996.

［STE 04］STEINER J., BÄCHTIGER A., SPÖRNDLI M., et al., *Deliberative Politics in Action. Analysing Parliamentary Discourse*, Cambridge University Press, 2004.

［STE 12］STEINER J., *The Foundations of Deliberative Democracy. Empirical Research and Normative Implications*, Cambridge University Press, Cambridge, UK, 2012.

［STI 05］STIRLING A., "Opening up or closing down? Analysis, participation and power in the social appraisal of technology", in LEACH M., SCOONES I., WYNNE B., *Science, Citizens: Globalisation and the Challenge of engagement*, Zed, London, pp. 218–231, 2005.

［STI 08］STIRLING A., "'Opening up' and 'closing down': power, participation, and pluralism in the social appraisal of technology", *Science Technology and Human Values*, vol. 33, pp. 262–294, 2008.

［STI 13］STILGOE J., OWEN R., MACNAGHTEN P., "Developing a framework for responsible innovation", *Research Policy*, vol. 42, pp. 1568–1580, 2013.

［SUN 02］SUNSTEIN C.R., "The law of group polarization", *Journal of Political Philosophy*, vol. 10, pp. 175–195, 2002.

［SUN 97］SUNSTEIN C. R., "Deliberation, democracy, disagreement", in BONTEKOE R., STEPANIANTS M. (eds), *Justice and Democracy: Cross-Cultural Perspectives*, University of Hawaï Press, 1997.

［SUT 11］SUTCLIFFE H., *A report on Responsible Research &*

Innovation, DG for Research and Innovation, European Commission, available at http://ec.europa.eu/research/science-society/document_library/pdf_06/rri-report-hilary-sutcliffe_en.pdf, 2011.

［SUT 13］SUTOUR S., LORRAIN J.-L., Rapport d'information fait au nom de la commission des affaires européennes sur la prise en compte des questions éthiques à l'échelon européen, no. 67, Sénat, Paris, 2013.

［SWI 06］SWIERSTRA T., JELSMA J., "Responsibility without moralims in techno scientific design practices", *Science, Technology and Human Value*, no. 31, pp. 309–32, 2006.

［SYK 13］SYKES K., MACNAGHTEN P., "Responsible innovation – opening up dialogue and debate 85", in OWEN R., BESSANT J., HEINTZ M. (eds.), *Responsible Innovation*, John Wiley & Sons, Hoboken, NJ, 2013.

［THO 80］THOMPSON, D. F., "Moral responsibility and public officials: the problem of many hands", *American Political Science Review*, vol. 74, pp. 905–916, 1980.

［THO 08］THOMPSON, DENNIS F., "Deliberative Democratic Theory and Empirical Political Science", *Annual Review of Political Science*, vol. 11, pp. 497–520, 2008.

［TRO 93］TRONTO J., *Moral Boundaries: a Political Argument for an Ethics of Care*, Routledge, New York, 1993.

［VAN 11］VAN DE POEL I., "The relation between forward-looking and backward looking responsibility", in VINCENT N., VAN DE POEL I., VAN DEN HOVEN J. (eds.), *Moral Responsibility,*

Beyond Free Will & Determinism, Springer, Dordrecht, 2011.

［VAN 13］VAN DEN HOVEN J., "Value sensitive design and responsible innovation", in OWEN R., BESSANT J., HEINTZ M. (eds), *Responsible Innovation*, John Wiley & Sons, Hoboken, NJ, pp. 75–84, 2013.

［VAN 14］VAN OUDHEUSDEN M., "Where are the politics in responsible innovation? European governance, technology assessments, and beyond", *Journal of Responsible Innovation*, vol. 1, no. 1, pp. 67–86, 2014.

［VIN 11］VINCENT, N. "Responsibility: distinguishing virtue from capacity", *Polish Journal of Philosophy*, vol. 3, pp. 111–126, 2011.

［VON 11］VON SCHOMBERG R., "Introduction" in VON SCHOMBERG R. (ed), *Towards Responsible Research and Innovation in the Information and Communication Technologies and Security Technologies Field*, European Commission, Brussels, 2011.

［VON 12］VON SCHOMBERG, "Prospects for technology assessment in a framework of responsible research and innovation", in DUSSELDORP M., BEECROFT R. (eds), *Technikfolgen abschätzen lehren: Bildungspotenziale transdisziplinärer Methoden*, Vs Verlag, Wiesbaden, pp. 39–61, 2012.

［VON 13］VON SCHOMBERG R., "Vision of responsible research and innovation", in OWEN R., BESSANT J., HEINTZ M. (eds), *Responsible Innovation*, John Wiley & Sons, Hoboken, NJ, 2013.

［VOS 06］VOSS D., KEMP K., "Introduction", in VOSS J.-P.,

BAUKNECHT D., KEMP R. (eds), *Reflexive Governance for Sustainable Development*, Edward Elgar, Cheltenham, UK, pp. 3–28, 2006.

［WEB 95］WEBLER T., KASTENHOLZ H., RENN O., "Public participation in impact assessment: a social learning perspective", *Environmental Impact Assessment Review*, vol. 15, no. 5, pp. 443–464, 1995.

［WIL 08］WILLIAMS G., "Responsibility as a virtue" *Ethical Theory and Moral Practice*, vol. 11, pp. 455–470, 2008.

［WYN 91］WYNNE B., "Knowledges in context", *Science, Technology & Human Values*, vol. 15, no. 1, pp. 111–121, 1991.

［WYN 92］WYNNE B., "Public understanding of science research: new horizons or hall of mirrors?", *Public Understanding of Science*, vol. 1, no. 1, pp. 37–43, 1992.

［WYN 93］WYNNE B., "Public uptake of science: a case for institutional reflexivity", *Public Understanding of Science*, vol. 2, no. 4, pp. 321–337, 1993.

［YOU 01］YOUNG I. M., "Activist challenges to deliberative democracy", *Political Theory*, vol. 29, pp. 670–690, 2001.